高等院校艺术学门类“十四五”系列教材

中文版Photoshop实训教程

ZHONGWENBAN Photoshop SHIXUN JIAOCHENG

主　编　刘　佳
副主编　曲　伟　唐映梅　刘帼君　甑新生　张　荔　张念伟　石少军
参　编　杨晓莹　张　宇　王春霞　唐　菲　尚　存　张旭军　于　雪

華中科技大學出版社
http://press.hust.edu.cn
中国·武汉

内容简介

本书以实例演练的方式详细介绍了Photoshop的各项功能，可使读者在较短的时间内熟练掌握Photoshop的使用方法和技巧。全书由6章组成，主要内容包括卡片设计、数码照片处理、特效文字制作、标志设计、产品设计及广告合成。每章内按知识准备和能力训练安排内容：知识准备部分设实训项目，按项目背景、项目任务、项目分析、设计构思、项目实施、制作步骤、项目小结等层层推进，便于读者理解和操作；能力训练部分旨在让读者自己练习巩固，达到熟练应用知识的目的。

图书在版编目(CIP)数据

中文版Photoshop实训教程/刘佳主编.—武汉：华中科技大学出版社，2023.4
ISBN 978-7-5680-9288-3

Ⅰ.①中…　Ⅱ.①刘…　Ⅲ.①图像处理软件-教材　Ⅳ.①TP391.413

中国国家版本馆CIP数据核字(2023)第045737号

中文版Photoshop实训教程
Zhongwenban Photoshop Shixun Jiaocheng
刘佳　主编

策划编辑：彭中军
责任编辑：刘姝甜
封面设计：孢　子
责任监印：朱　玢

出版发行：华中科技大学出版社(中国·武汉)　电话：(027)81321913
武汉市东湖新技术开发区华工科技园　邮编：430223

录　　排：武汉创易图文工作室
印　　刷：湖北新华印务有限公司
开　　本：889mm×1194mm　1/16
印　　张：9
字　　数：260千字
版　　次：2023年4月第1版第1次印刷
定　　价：59.00元

前言 PREFACE

Photoshop 自问世以来，风靡全球，成为最受欢迎的图像处理软件之一。它是集图像扫描、编辑修改、图像制作、广告创意、图像输入与输出为一体的图形图像处理软件，深受广大平面设计人员和电脑美术爱好者的喜爱。Photoshop 软件以其更直观的用户体验、更大的编辑自由度、突破性的 3D 绘图和编辑功能、更丰富的动态图形编辑以及增强的图像编辑与处理功能，使用户能轻松地完成图形图像处理和广告等设计。

本书根据读者学习和实际工作的需要，以实例演练的方式详细介绍了 Photoshop 的各项功能，可使读者在较短的时间内熟练掌握 Photoshop 的使用方法和技巧。全书由 6 章组成，主要内容包括卡片设计、数码照片处理、特效文字制作、标志设计、产品设计及广告合成。每章内按知识准备和能力训练安排内容：知识准备部分设实训项目，按项目背景、项目任务、项目分析、设计构思、项目实施、制作步骤、项目小结等层层推进，便于读者理解和操作；能力训练部分旨在让读者自己练习巩固，达到熟练应用知识的目的。

本书知识结构合理，语言通俗易懂，内容具有很强的实用性和针对性，不仅适合广大高校本专科视觉传达专业、广告设计专业学生作为教材开展学习，也适合 Photoshop 初学者以及有志于从事平面设计、插画设计、包装设计、网页制作、三维动画设计、影视广告设计等工作的人员学习和使用。

这本书汇聚了不少一线教师与行业精英的心血，但由于时间仓促、水平有限，难免存在疏漏之处，恳请读者及时给予批评指正。

武昌理工学院
刘佳

目录 CONTENTS

第1章 常见卡片设计

卡片设计可谓是“方寸之间的艺术”。我们在日常生活中，可以看到各种各样的卡片，例如银行卡、会员卡、公交卡、优惠券等。卡片已经成为人们日常生活中不可缺少的物品。本章将向读者介绍卡片的设计方法和技巧，使读者能够在有限的空间发挥艺术设计的魅力。

1.1 知识准备——VIP 卡片的设计制作

项目背景

随着人们生活水平和消费水平的提高，越来越多的人走进大型商场等高级消费场所并成为其会员，会员卡就应运而生，且已慢慢地融入人们的生活中并深受消费者的喜爱。本项目将带领读者完成会员卡的设计制作。

项目任务

完成会员卡的设计制作。

项目分析

本项目实例将完成一张女性护理会所会员卡的设计制作。针对女性消费群体的会员卡，当然需要能够体现出女性的柔美等气质，所以在会员卡的设计中需要能够突出女性气质特点。

设计构思

本项目实例是设计一张会员卡，根据该会员卡主要针对女性的特点，运用紫红色的渐变作为卡片的主色调，在卡片的设计上充分运用花纹、艺术线条和女性的剪影突出女性柔美的特点。本实例的最终效果如图 1-1 所示。

图 1-1 最终效果

设计师提示

在人们的日常生活中，各种卡片随处可见，卡片设计就是针对人们日常生活中各种应用类型的卡片的外观设计。卡片设计除了其本身具有某些特定的功能以外，还需在有限的空间中准确地传达画面信息，可以说是艺术中的艺术，因此，又被很多设计者称为“方寸之间的艺术”。

在制作会员卡时有以下要点：

· 如果是 CorelDRAW 文件，做过特效应转成点阵图，文字、符号、图案务必转成曲线。

· 内框规格：85.5 mm×54 mm。外框规格：88.5 mm×57 mm。卡片圆角为 12°。

· 小凸码为 12 号字体，大凸码为 18 号字体，可用黑体表示。小凸码和大凸码内容(包含空格)最多只能有 19 位。凸码可以烫金、烫银或者其他颜色，有特殊要求可以做个性凸码。

· 凸码与卡的边距必须大于 5 mm，磁条距卡内框边(上边或下边)4 mm，磁条宽度为 12 mm。

· 凸码设计的位置不要压到背面的磁条，否则将无法刷卡。

· 凸码设计的位置不要压到背面的条码，否则无法读取条码数据。条码卡设计时应根据客户提供的条码型号留出空位。

· 色彩阶调：比较理想的阶调范围为18%～85%，若高光部分低于18%或暗调部分高于85%则色彩渐变较差。

· 色彩模式应该为CMYK。正反纯黑色文字或黑底填色K100。纯色块反白字时，白字需加白边。

· 线条的宽度不得小于0.076 mm，否则印刷后将无法呈现。

· 底纹或底图颜色设定时不要低于8%，以免印刷成品中无法呈现。

➢ 技能分析

剪贴蒙版是一种非常灵活的蒙版，常用于使用一个图像的形状限制它上层图像的显示范围，从而可以通过一个图层来控制多个图层的显示区域；而矢量蒙版和图层蒙版都只能控制一个图层的显示区域。

执行"图层→创建剪贴蒙版"命令，或按快捷键"Alt＋Ctrl＋G"，即可将当前选中的图层与下面的图层创建为一个剪贴蒙版，如图1-2所示。

图1-2 创建剪贴蒙版

在剪贴蒙版中，下面的图层为基底图层（即↓箭头指向的图层），上面的图层为内容图层。基底图层的名称带有下画线，内容图层的缩览图是缩进的，并显示一个剪贴蒙版标志↓。

基底图层中包含像素的区域决定了内容图层的显示范围，移动基底图层或内容图层都可以改变内容图层的显示区域。

剪贴蒙版可以应用于多个图层，但有一个前提，就是这些图层必须相邻。

● 经验提示

剪贴蒙版使用基底图层的"不透明度"和混合模式属性，因此，调整基底图层的"不透明度"和混合模式，可以控制整个剪贴蒙版的"不透明度"和混合模式。如果调整内容图层的"不透明度"和混合模式，仅对其自身产生作用，不会影响到剪贴蒙版中的其他图层。在本实例中，设置的就是内容图层的"不透明度"和混合模式。

➢ 项目实施

在本项目实例的制作过程中，首先为文档填充渐变颜色，拖入素材并设置混合模式，制作出会员卡的背景效果；然后绘制花纹图形并拖入相应的素材图像，丰富会员卡的效果；最后输入文字并为文字添加图层样式等效果，完成该会员卡的设计制作。

1.1.1 制作步骤

（1）执行"文件→新建"命令，弹出"新建"对话框，设置如图1-3所示，单击"确定"按钮，新建文件。使用"渐变工具"，单击上方选项栏上的渐变预览条，在弹出的"渐变编辑器"对话框中进

行设置，如图 1-4 所示，在画布中拖动填充径向渐变。

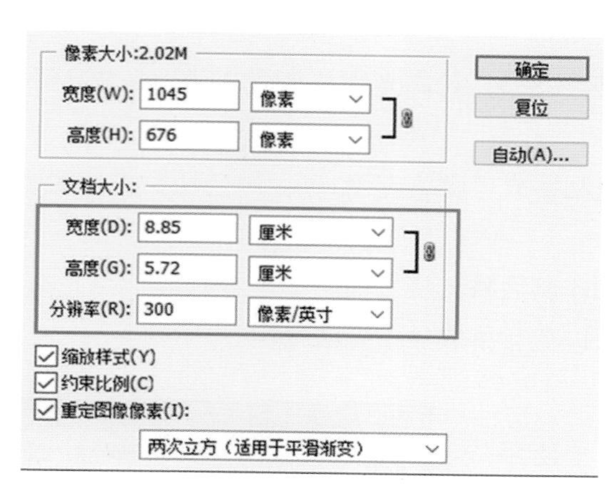

图 1-3 “新建”对话框设置

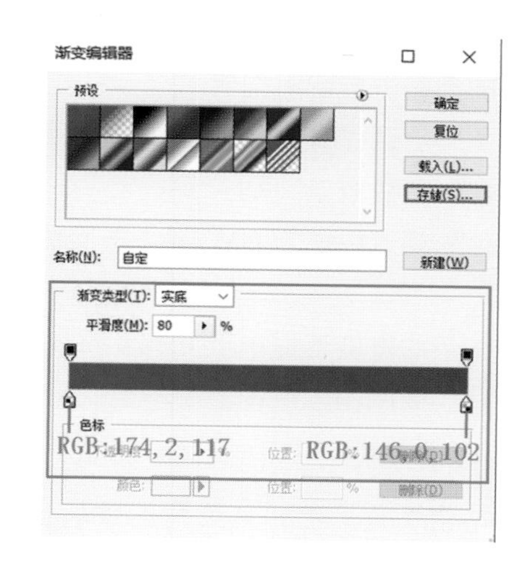

图 1-4 设置径向渐变颜色

(2)打开并拖入素材“01.jpg”，自动生成“图层 1”，设置该图层的混合模式为“正片叠底”，如图 1-5 所示，图像效果如图 1-6 所示。

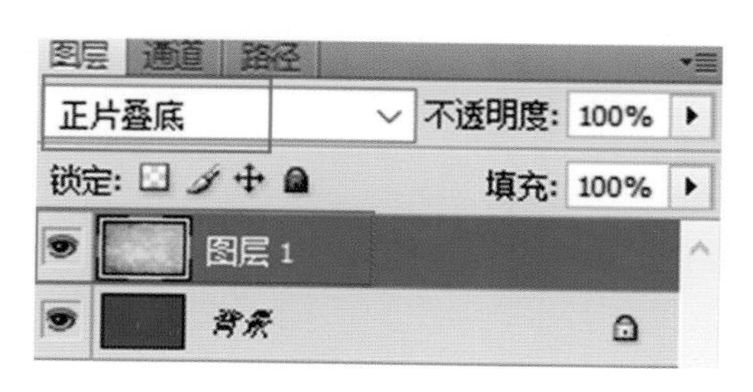

图 1-5 图层设置

图 1-6 图像效果

经验提示

应用“正片叠底”混合模式，当前图层中的像素在与下面图层的白色混合时保持不变，其余的颜色则直接添加到下面的图像中，混合结果通常是使图像变暗。

(3)新建“图层 2”，使用“钢笔工具”在画布中绘制路径，将路径转换为选区，并为其填充黑色。取消选区，并设置图层的“不透明度”为 44%，如图 1-7 所示，图像效果如图 1-8 所示。

图 1-7 图层设置

图 1-8 图像效果

● 经验提示

“不透明度”用于控制图层、图层组中绘制的像素和形状的不透明度，如果对图层应用了图层样式，则图层样式的不透明度也会受到该值的影响。

(4)新建“图层 3”，使用相同方法完成相似图形的制作，“图层”面板如图 1-9 所示，图像效果如图 1-10 所示。

图 1-9 “图层”面板

图 1-10 图像效果

(5)使用相同方法，打开并拖入素材“02. png”“03. png”“04. png”，分别调整各素材到合适的位置，图像效果如图 1-11 所示，“图层”面板如图 1-12 所示。

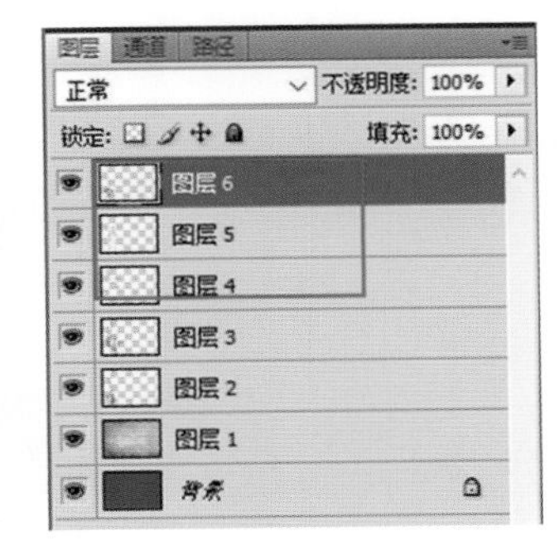

图 1-11 图像效果

图 1-12 “图层”面板

(6)复制“图层 1”得到“图层 1 副本”图层，并将其移至“图层 5”的上方，执行“图层→创建剪贴蒙版”命令，创建剪贴蒙版效果，如图 1-13 所示，“图层”面板如图 1-14 所示。

图 1-13 图像效果

图 1-14 “图层”面板

● 经验提示

将一个图层拖动到剪贴蒙版的基底图层上，可以将其加入剪贴蒙版中；将内容图层移出剪

贴蒙版组，则可以释放该图层。

(7)新建“图层 7”，使用“画笔工具”，打开“画笔预设”选取器，单击右侧的三角按钮，选择合适的画笔，如图 1-15 所示。在画布中进行涂抹，并设置该图层的混合模式为“柔光”，图像效果如图 1-16 所示。

● 经验提示

在使用“画笔工具”时，按“[”键，可以减小画笔的直径；按“]”键，可以增大画笔的直径。对于实边圆、柔边圆和书法画笔，按“Shift＋[”组合键，可以减小画笔的硬度；按“Shift＋]”组合键，则增加画笔的硬度。

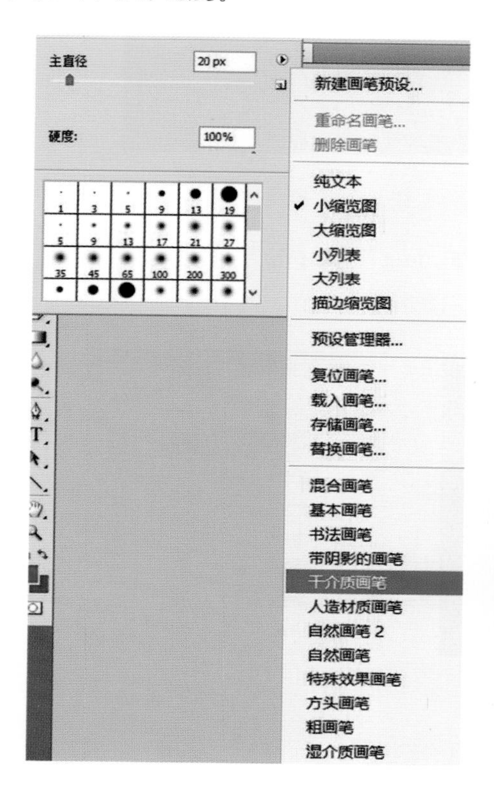

图 1-15　选择画笔

图 1-16　图像效果

(8)使用“横排文字工具”，“字符”面板设置如图 1-17 所示，在画布中输入文字，效果如图 1-18 所示。

图 1-17　设置“字符”面板

图 1-18　输入文字效果

(9)双击文字图层,弹出“图层样式”对话框,在对话框左侧选中“投影”选项,设置如图 1-19 所示。单击“确定”按钮,完成“图层样式”对话框的设置,效果如图 1-20 所示。

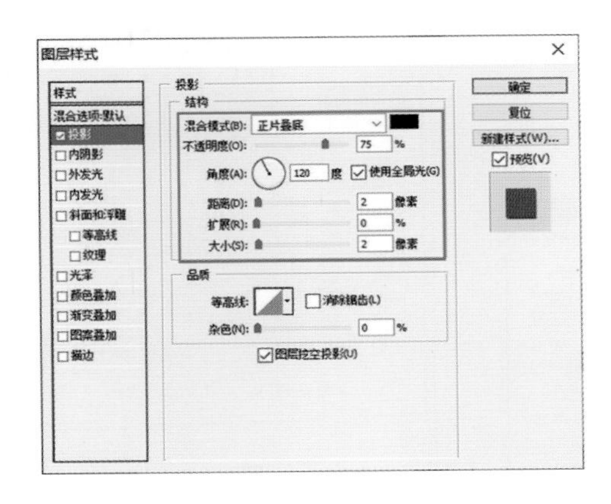

图 1-19　设置“投影”选项

图 1-20　文字投影效果

(10)使用相同方法,打开并拖入素材“01.jpg”,自动生成“图层 8”,执行“图层→创建剪贴蒙版”命令,为文字图层创建剪贴蒙版,效果如图 1-21 所示,“图层”面板如图 1-22 所示。

图 1-21　文字效果　　图 1-22　“图层”面板

经验提示

选择一个内容图层,执行“图层→释放剪贴蒙版”命令,可以从剪贴蒙版中释放出该图层,如果该图层上面还有其他内容图层,则这些图层也会一同释放。

(11)使用相同方法,完成其他相似内容的制作。图像效果如图 1-23 所示,“图层”面板如图 1-24 所示。

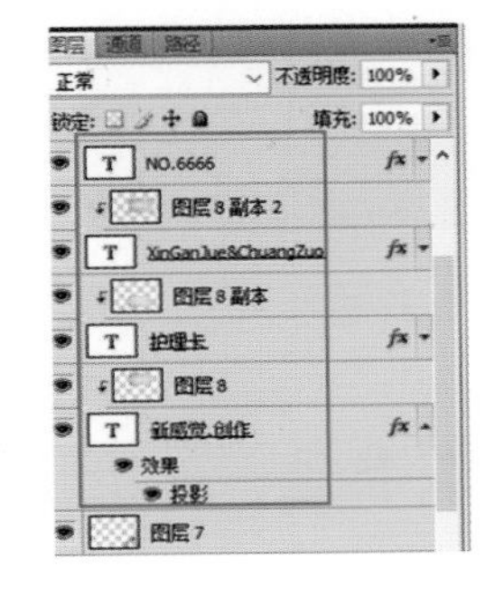

图 1-23　图像效果　　图 1-24　“图层”面板

(12)新建“图层 9”,使用“矩形选框工具”在画布中绘制选区,为选区填充白色,如图 1-25 所示,“图层”面板如图 1-26 所示。

(13)为“图层 9”添加图层蒙版，使用“画笔工具”，在“画笔”面板中进行设置，如图 1-27 所示，按住 Shift 键在画布中进行涂抹，效果如图 1-28 所示。

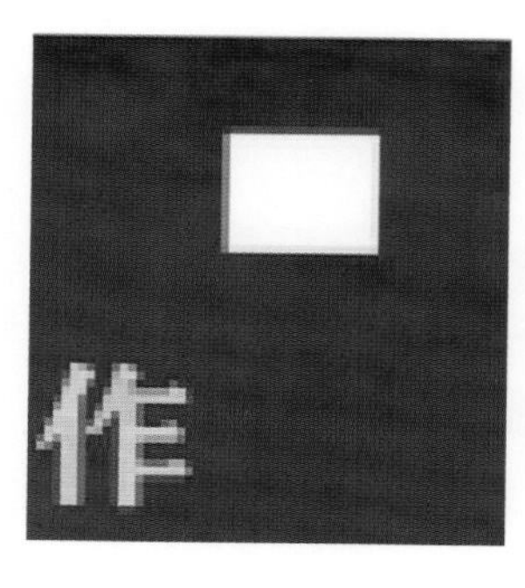

图 1-25　绘制选区并填充白色

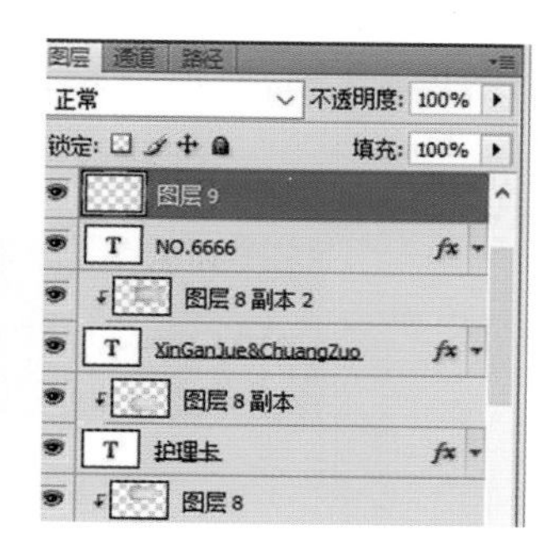

图 1-26　“图层”面板

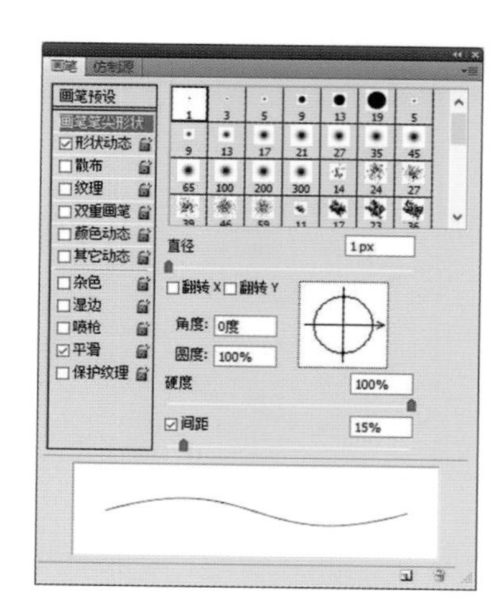

图 1-27　设置“画笔”选项

(14)使用相同方法，为该图层创建剪贴蒙版，并在画布中输入相应的文字，如图 1-29 所示，“图层”面板如图 1-30 所示。

图 1-28　图像效果

图 1-29　输入文字

图 1-30　“图层”面板

(15)完成该会员卡的设计制作，最终效果如图 1-31 所示，执行“文件→存储”命令，将其保存为“1-1. psd”。

图 1-31　最终效果

1.1.2　项目小结

完成该项目实例的设计制作，读者需要掌握 Photoshop 基本操作，能够根据会员卡所针对的不同群体，有针对性地设计出适合该群体的会员卡。

1.2　知识准备——产品优惠券的设计制作

➤ 项目背景

产品优惠券是一种开展产品促销活动时为吸引广大消费者而发放的凭证，在设计优惠券时要突出产品的特点，并且设计要有创意，这样才能吸引消费者。本项目实例将带领读者完成一张产品优惠券的设计制作。

➤ 项目任务

完成产品优惠券的设计制作。

➤ 项目分析

优惠券分为两种，分别是代金券与打折优惠券。在制作优惠券时首先要清楚制作的是哪一种，然后通过简单的布局和柔和的颜色等制作出合适的优惠券。本项目实例设计制作的是照明产品的优惠券，在设计过程中需要突出照明产品的特点。

➤ 设计构思

在本项目实例的设计过程中，运用紫色作为主色调，给人高贵、典雅的感觉；通过灯火通明的城市图像素材，以及闪烁的光点和所绘制的灯光，突出表现产品的特性；运用文字变形处理制作出优惠券的主题“7 折”。本实例的最终效果如图 1-32 所示。

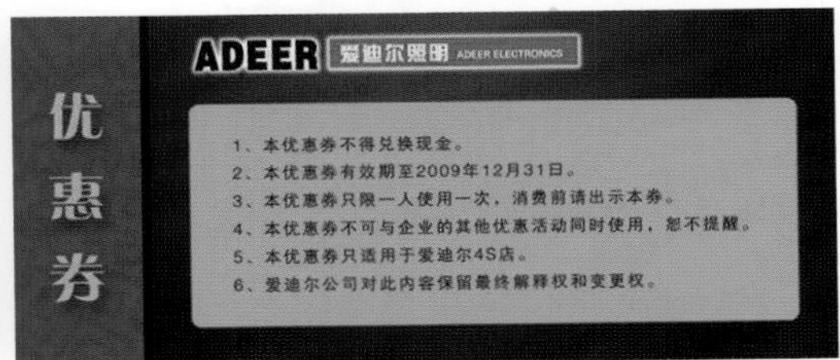

图 1-32　最终效果

➤ 设计师提示

需设计制作的卡片包括各类纸卡、PVC 卡等，如电信 IP 充值卡、会员卡、工作证卡、医疗卡、游戏点卡等近百种，大致可以将卡片分为以下几种类型。

1. 银行卡

银行卡是指由银行发行的具有消费信贷、转账结算、存取现金等全部或者部分功能的电子支付卡片。如今的银行卡具有方便、安全、时尚等特点，如图 1-33 所示。

2. 邮币卡

邮币卡通常是指由国家(地区)邮政部门发行的邮资凭证，或者是各种材质的钱币，主要包括邮票、纪念币还有常用的电话充值卡(见图 1-34)等。

3. 会员卡

会员卡泛指普通身份识别卡，如图 1-35 所示，包括商场、宾馆、健身中心等消费场所的会员认证。会员卡能够增强顾客购买意愿，提升顾客对品牌的忠诚度。会员卡包括很多种，从等级上分，有普通会员卡、贵宾卡等。它们的用途非常广泛，只要涉及身份识别，都要用到会员卡，例如俱乐部等场所就会使用。

4. 其他卡片

除了前面所提到的卡片外，在我们的生活中还有许多其他的卡片，例如公交卡(见图 1-36)、就餐卡等。

图 1-33　银行卡

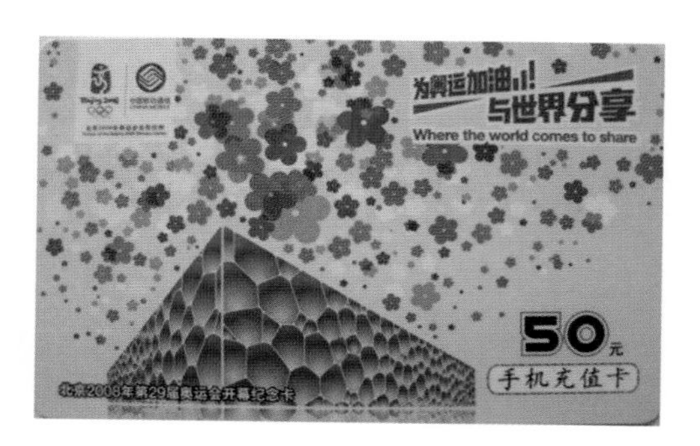

图 1-34　电话充值卡

图 1-35　会员卡

图 1-36　公交卡

➢ 技能分析

在"画笔"面板中提供了各种预设的画笔，在面板中可以对这些画笔进行调整，创建自定义画笔。执行"窗口→画笔"命令，或按快捷键 F5，或者单击"画笔工具"选项栏中的"切换画笔面板"按钮，可以打开"画笔"面板，如图 1-37 所示。

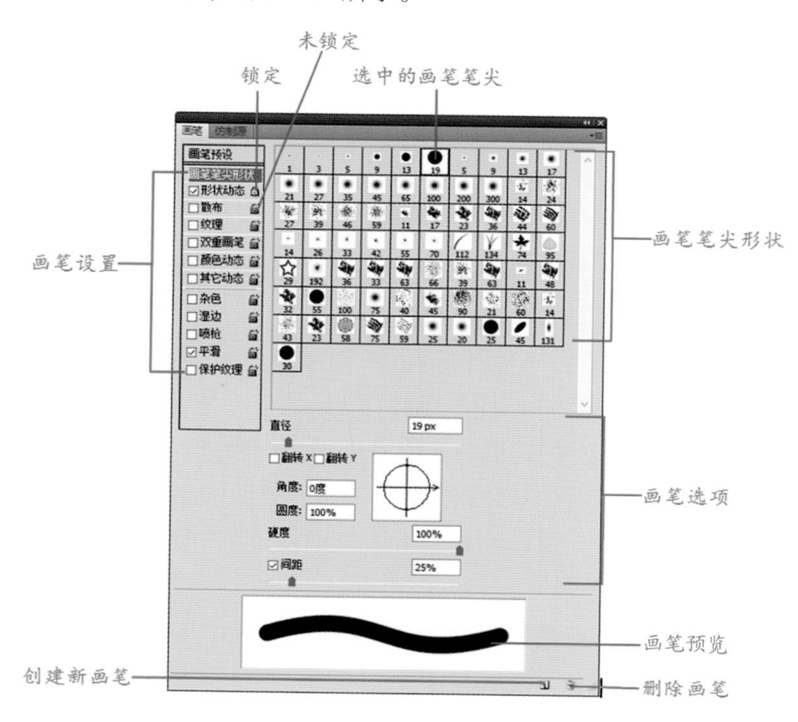

图 1-37　"画笔"面板

· 画笔设置：单击其中的选项，面板中会显示该选项的详细设置内容，它们用来改变画笔的大小和形态。

· 画笔预览：可预览当前设置的画笔效果。

· 创建新画笔：单击该按钮，弹出“画笔名称”对话框，可将当前画笔保存为一个新的画笔。

· 锁定/未锁定：显示锁定图标时，当前画笔的笔尖形状属性（形状动态、散布、纹理等）为锁定状态，单击该图标可取消锁定。

· 选中的画笔笔尖：当前选择的画笔笔尖。

· 画笔笔尖形状：显示了 Photoshop 提供的预设画笔笔尖，选择一个笔尖后，可在“画笔预览”处预览该笔尖的形状。

· 画笔选项：用来设置画笔的参数。

· 删除画笔：选择一个画笔后，单击“删除画笔”按钮可将画笔删除。

● 经验提示

如果要将当前画笔设置的参数应用到其他画笔，可单击图标进行锁定，使之变为状态。例如，在“形状动态”选项中设置参数并单击图标后，再选择其他画笔时，其他画笔将具有之前的“形状动态”选项的功能设置。

项目实施

在本项目实例的设计制作过程中，首先使用渐变颜色填充制作出优惠券的背景效果；接着使用“画笔工具”，对画笔的相关选项进行设置，在画布中绘制出闪烁光点的效果；然后拖入相应的素材并绘制光照效果；最后输入相应的文字，并对文字效果进行处理。

1.2.1 制作步骤

（1）执行“文件→新建”命令，弹出“新建”对话框，设置如图 1-38 所示，单击“确定”按钮，新建文档。执行“视图→标尺”命令，显示文档标尺，在画布中拖出参考线，如图 1-39 所示。

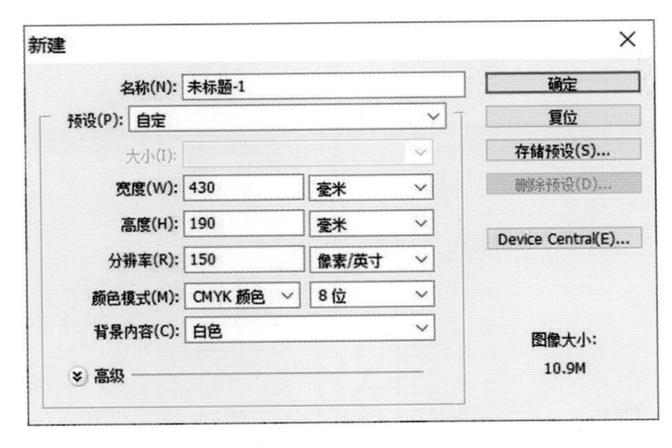

图 1-38 “新建”对话框设置

图 1-39 拖出参考线

（2）使用“渐变工具”，单击选项栏上的渐变预览条，弹出“渐变编辑器”对话框，从左至右分别设置各渐变滑块颜色为“CMYK：50，100，52，5”“CMYK：76，96，78，69”，如图 1-40 所示，在画布中拖动鼠标填充径向渐变，如图 1-41 所示。

图 1-40　设置“渐变编辑器”对话框

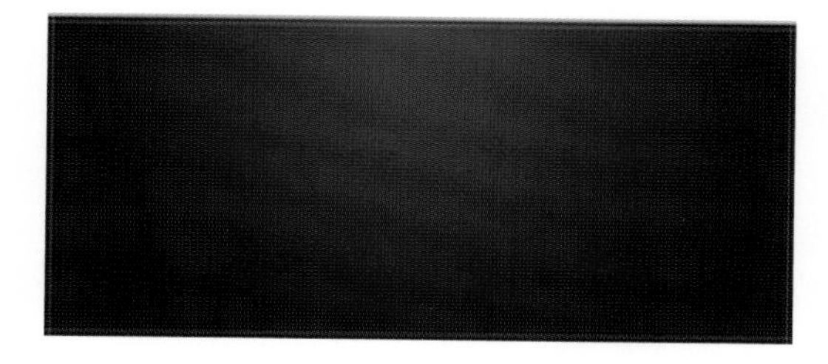

图 1-41　填充径向渐变

(3)新建“图层 1”,使用相同方法,在画布中拖动填充菱形渐变,如图 1-42 所示,“图层”面板如图 1-43 所示。

图 1-42　填充菱形渐变

图 1-43　“图层”面板

● 经验提示

使用“渐变工具”可以创建多种颜色间的逐渐混合,实质上就是在图像中或图像的某一区域中填入一种具有多种色过渡的混合色。这个混合色可以是从前景色到背景色的过渡,也可以是背景色与透明背景间的相互过渡或者其他颜色间的相互过渡。

(4)新建“图层 2”,使用“画笔工具”,在“画笔”面板中进行设置,如图 1-44 所示。

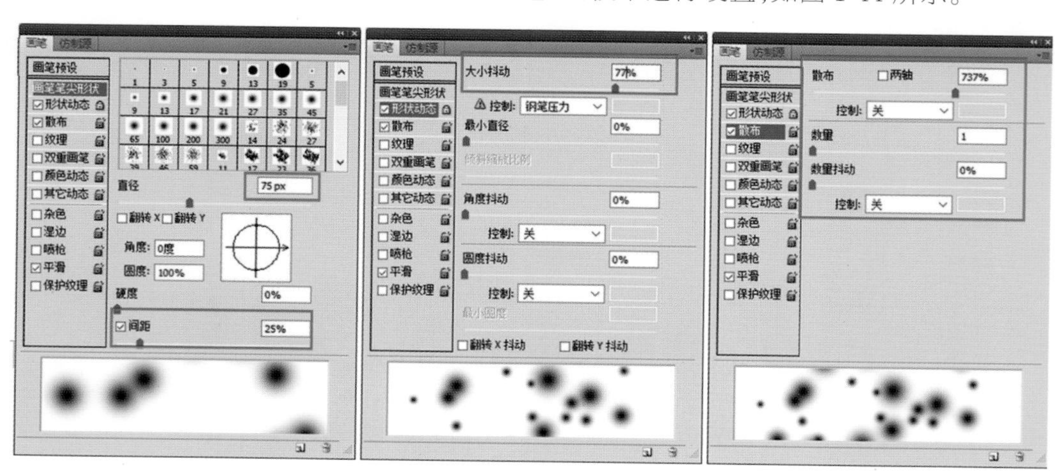

图 1-44　设置“画笔”面板

● 经验提示

在“画笔笔尖形状”选项中可以设置画笔的直径、硬度、间距以及角度和圆度等。在“形状动态”选项中可以设置画笔的大小抖动、最小直径、角度抖动等特性。在“散布”选项中可以设置画笔笔迹散布的数量和位置。

(5)使用“画笔工具”在画布中进行涂抹。使用相同方法,调整画笔设置并新建图层,在画布中绘制图形,效果如图 1-45 所示,“图层”面板如图 1-46 所示。

图 1-45 图像效果

图 1-46 “图层”面板

● 经验提示

在使用“画笔工具”进行绘制时,按数字键可以调整工具的不透明度,例如,按“1”键时,画笔的不透明度为 10%;按“5”键时,画笔的不透明度为 50%;连续按“7”和“5”键时,画笔的不透明度为 75%;按“0”键时,画笔的不透明度为 100%。

(6)新建“图层 6”,使用“矩形选框工具”,设置前景色为“CMYK:33,99,36,4”,在画布中绘制选区,为选区填充前景色,图像效果如图 1-47 所示。执行“编辑→变换→扭曲”命令,对图形进行扭曲变形操作,图像效果如图 1-48 所示。

图 1-47 图像效果

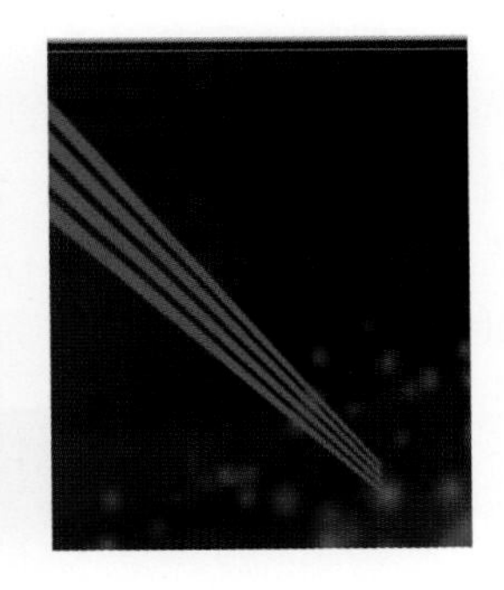

图 1-48 扭曲变形图像效果

(7)执行“滤镜→模糊→高斯模糊”命令,弹出“高斯模糊”对话框,设置如图 1-49 所示,单击“确定”按钮,应用“高斯模糊”滤镜,效果如图 1-50 所示。

(8)使用相同方法,完成相似内容的制作,并设置该图层的“不透明度”为 60%,“图层”面板如图 1-51 所示,图像效果如图 1-52 所示。

● 经验提示

在使用除了画笔、图章、橡皮擦等绘画和修饰工具以外的工具时,按键盘上的数字键即可快速修改当前图层的不透明度。

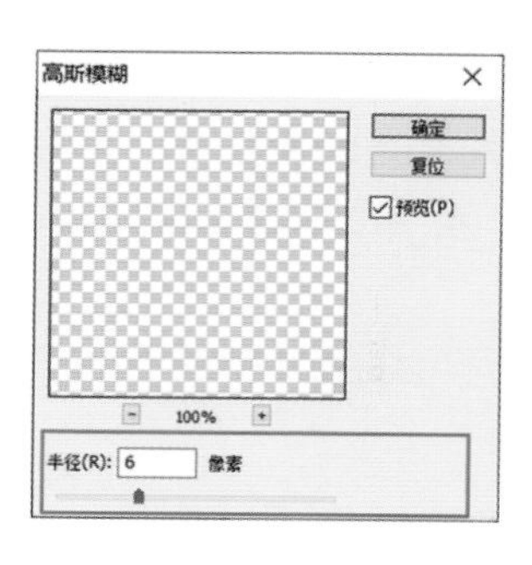

图 1-49　设置“高斯模糊”对话框

图 1-50　图像效果

图 1-51　“图层”面板

(9)复制“图层 6”，得到“图层 6 副本”图层，执行“编辑→变换→水平翻转”命令，对图像进行翻转操作，并将图像移动到合适位置，效果如图 1-53 所示。为该图层添加图层蒙版，并填充黑白线性渐变。“图层”面板如图 1-54 所示。

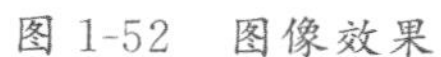

图 1-52　图像效果

图 1-53　水平翻转并移动图像效果

图 1-54　“图层”面板

(10)打开并拖入素材“05. tif”，自动得到“图层 7”，图像效果如图 1-55 所示。新建“图层 8”，使用“矩形选框工具”，在画布中绘制选区，为选区填充白色，执行“滤镜→模糊→高斯模糊”命令，弹出“高斯模糊”对话框，设置“半径”为 10 像素，单击“确定”按钮，效果如图 1-56 所示。

(11)执行“编辑→变换→透视”命令，对图像进行透视操作，再按快捷键“Ctrl＋T”对图形进行自由变换操作，并设置该图层的“不透明度”为 20％，图像效果如图 1-57 所示，“图层”面板如图 1-58 所示。

(12)选择“图层 8”，为该图层添加图层蒙版，使用“画笔工具”，在画布中进行相应的涂抹，图像效果如图 1-59 所示，“图层”面板如图 1-60 所示。

图 1-55　拖入素材图像效果

图 1-56　高斯模糊图像效果

(13)使用相同方法，完成相似内容的制作，图像效果如图 1-61 所示，“图层”面板如图 1-62 所示。

图 1-57　图像效果

图 1-58　“图层”面板

图 1-59　图像效果

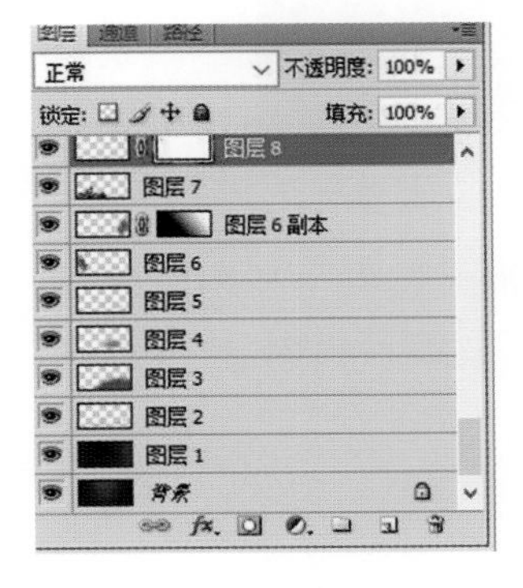

图 1-60　“图层”面板

图 1-61　图像效果

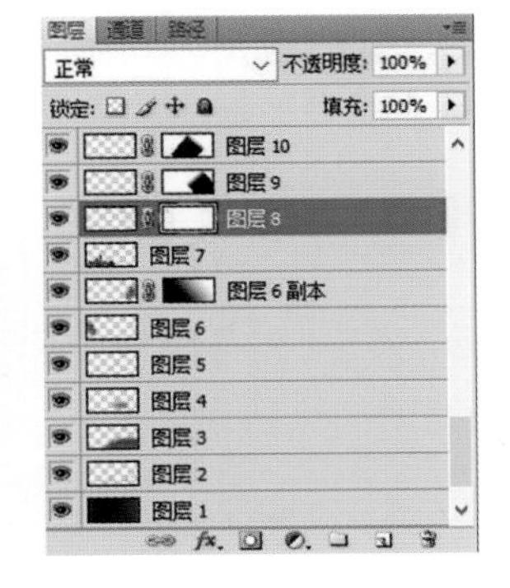

图 1-62　“图层”面板

● 经验提示

选择“明度”混合模式，会将当前图层的亮度应用于下面图层图像的颜色中，可以改变下面图层图像的亮度，但不会对其色相与饱和度产生影响。

(14)使用“横排文字工具”，在“字符”面板中进行设置，如图 1-63 所示，在画布中输入文字，如图 1-64 所示。

图 1-63　设置“字符”面板

图 1-64　输入文字效果

(15)新建“图层 11”，使用“矩形选框工具”，在画布中绘制选区，设置前景色为“CMYK:5，91，88，0”，为选区填充前景色，如图 1-65 所示。使用相同方法，在画布中输入其他文字，如图 1-66 所示。将文字图层栅格化，选中“图层 11”和两个文字图层，合并图层得到“图层 11”。

图 1-65　图像效果

图 1-66　输入文字

(16)按住 Ctrl 键单击“图层 11”缩览图,载入“图层 11”的选区,执行“选择→修改→扩展”命令,弹出“扩展选区”对话框,设置如图 1-67 所示。单击“确定”按钮,得到扩展选区,如图 1-68 所示。

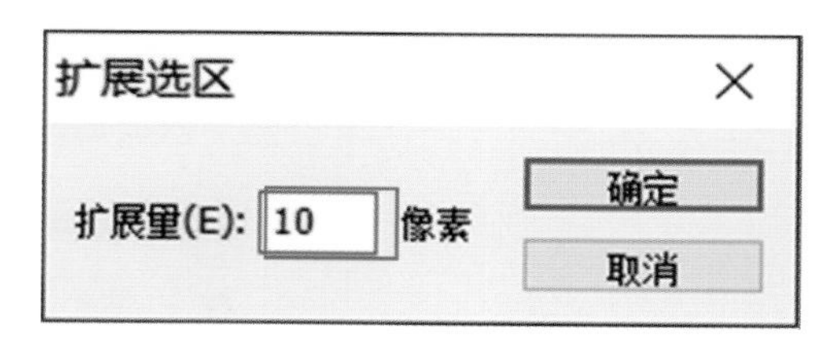

图 1-67　设置“扩展选区”对话框

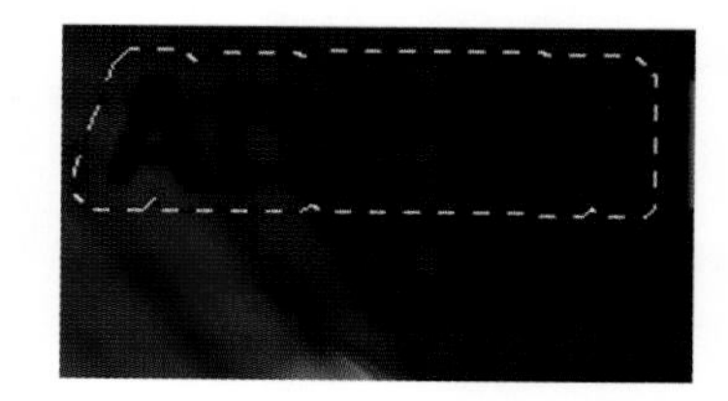

图 1-68　得到扩展选区

(17)在“图层 11”下方新建“图层 12”,为选区填充白色,执行“滤镜→模糊→高斯模糊”命令,弹出“高斯模糊”对话框,设置如图 1-69 所示。单击“确定”按钮,应用“高斯模糊”滤镜,效果如图 1-70 所示。

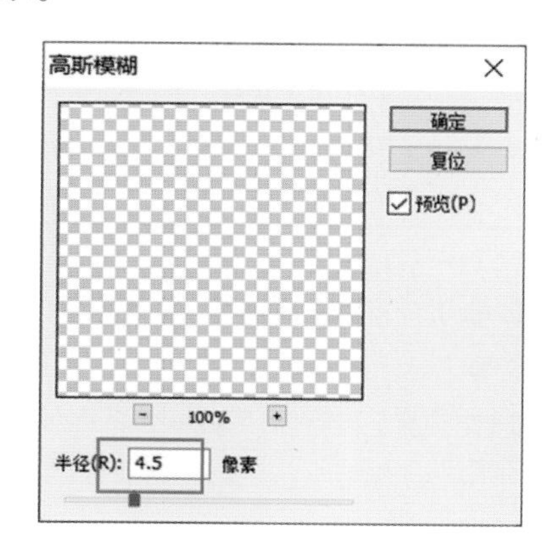

图 1-69　设置“高斯模糊”对话框

图 1-70　图像效果

(18)使用相同方法,完成其他内容的制作,如图 1-71 所示。使用类似方法,完成反面的制作,如图 1-72 所示。

图 1-71　图像效果(正面)

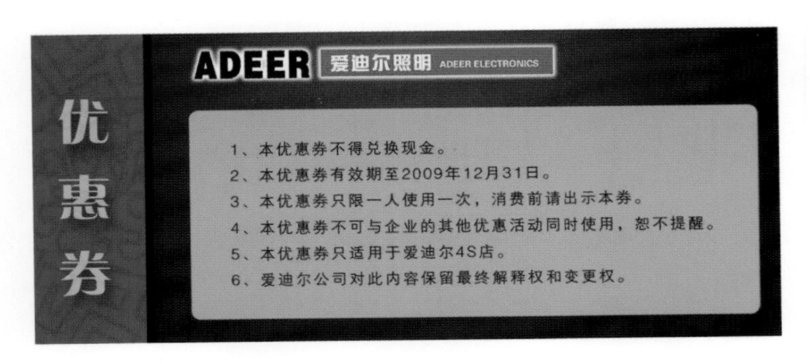

图 1-72　图像效果(反面)

(19)完成产品优惠券的设计制作,最终效果如图 1-73 所示,执行“文件→存储”命令,将其分别保存为“1-2(正).psd”和“1-2(反).psd”。

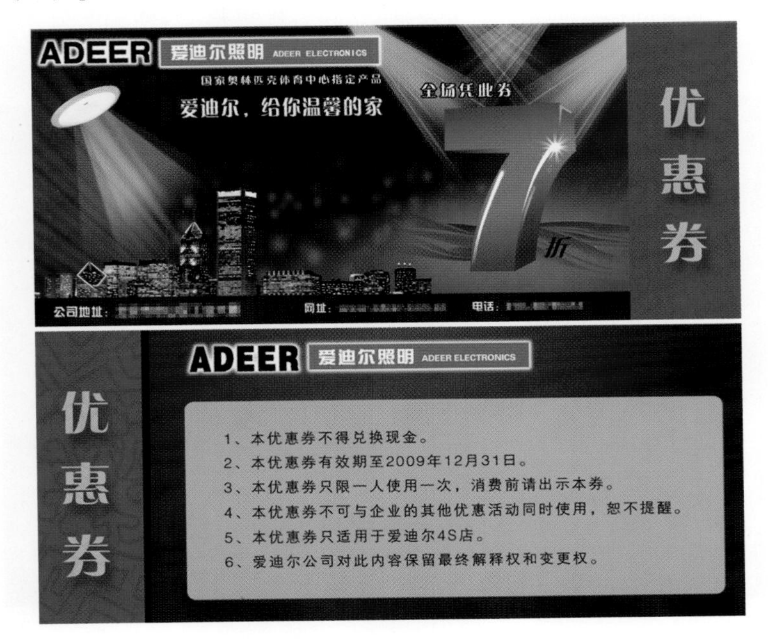

图 1-73　最终效果

1.2.2　项目小结

完成该项目实例的绘制,读者需要掌握使用“画笔工具”绘制闪烁光点的方法,以及对“画笔工具”进行设置的方法。通过该实例的绘制练习,读者需要掌握设计制作优惠券的方法和技巧。

1.3　知识准备——餐厅优惠券的设计制作

➢ 项目背景

一些餐厅等消费场所,为了促进消费,都会实行一些优惠政策,一张简单而且有特色的优惠券会更吸引人们的目光。餐厅的优惠券就相当于餐厅的一张名片,不仅要美观,而且要有特点。

本项目实例将带领读者完成一张餐厅优惠券的设计制作。

➤项目任务

完成餐厅优惠券的设计制作。

➤项目分析

餐厅优惠券是为吸引广大消费者就餐而附有优惠条件和措施的赠券。在设计餐厅优惠券时，同样需要突出主题，将最新的活动信息等以最佳的视觉方式传达给受众群体，并且在餐厅优惠券的设计上还需要别出心裁，这样才会使受众对优惠券上的内容感兴趣。

➤设计构思

本项目实例为设计西式快餐的优惠券，运用蓝色作为该优惠券的主色调，与优惠券的主题"夏日酷爽"相契合，表现出清凉夏日的感觉。在优惠券的正面运用主题文字变形与诱人的美食素材相配合，优惠券的背面设计为每种产品的独立的小优惠券，方便顾客使用。本实例的最终效果如图 1-74 所示。

图 1-74 最终效果

➤设计师提示

在进行卡片设计时，需要遵循以下设计原则。

1. 构图合理

各种卡片的设计本身留给设计者的空间有限，因此构图的合理性非常重要。好的构图可以使卡片主题突出，并具有美观性。

2. 体现价值

卡片的设计需要能够体现价值而不是价格，用好听的理想的名字唤起客户对消费的向往。比如，会员卡应该体现一种身份的象征，体现服务的高级水平。

3. 卡片的级别设置合理

卡片的级别设置应合理，不宜太多也不宜太少，特别是会员卡，不要少于三种，也不要多于六种，这样才有针对性。比如充值型会员卡，对应的价位应该保持阶梯上升，拉大优惠的差距，体现会员制的意义；中间价应该以大部分客户能承受得起为主，这样才能保证留住骨干客户。

4. 突出纪念意义

各种卡片的发行必然有其原因，特别是邮币卡和银行卡，因此设计的艺术应该经得起时间的考验，怎样进行合理的设计需要设计师仔细地推敲。卡片作为一种特殊的艺术设计作品，在设计元素上有着和其他设计类型作品不同的地方。例如，邮币卡属于发行的有价票券类型，它要求设计者按照既定的主题进行创作，画面构思必须能明确表现主题的思想内容。另外，邮币卡上必须印有国名、地区名称和发行机构名称，面值也是邮币卡不可缺少的元素，代表邮币卡最初发行价值。对于其他种类的卡片，设计者则需要能够很好地把握设计风格，对卡片的主题形象刻画应该做到细致、艺术，并且设计人员还必须了解印刷和相关的制作工艺。

➤ 技能分析

如果需要使用“画笔工具”，则先在工具箱中选中它，再在“画笔工具”的选项栏中单击“画笔”选项右侧的按钮，打开“画笔预设”选取器，如图 1-75 所示。在“画笔预设”选取器中可以选择笔尖，以及设置画笔的大小和硬度。此外，在选项栏右侧单击“切换画笔面板”按钮或按快捷键 F5，可以打开“画笔”面板，如图 1-76 所示。

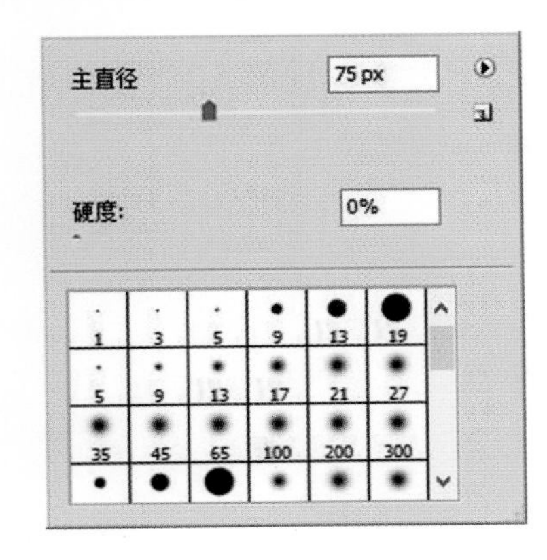

图 1-75 “画笔预设”选取器

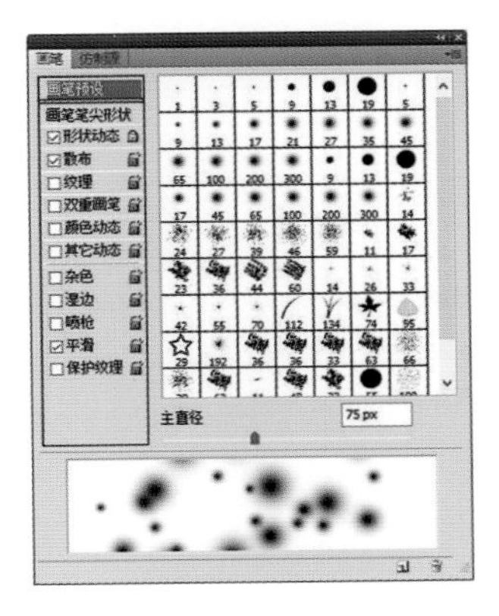

图 1-76 “画笔”面板

· 主直径：拖动滑块或在文本框中输入数值可以调整画笔大小。

· 硬度：用来设置画笔笔尖的硬度。

· 创建新的预设 ：单击该按钮，可以弹出“画笔名称”对话框，如图 1-77 所示。输入画笔的名称后，单击“确定”按钮，可以将当前画笔保存为一个预设的画笔，如图 1-78 所示。

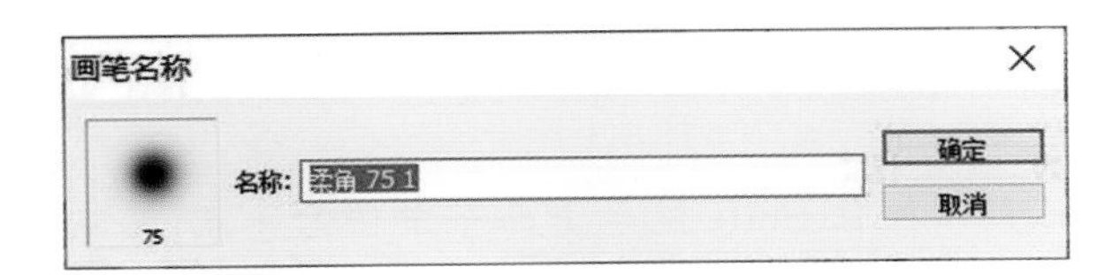

图 1-77 “画笔名称”对话框

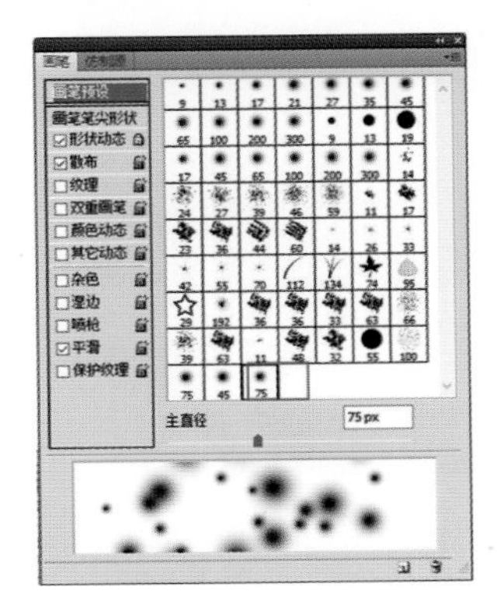

图 1-78 预设画笔

➤ 项目实施

在本项目实例的设计制作过程中，首先利用“画笔工具”在画布上进行绘制；接着，使用“旋

转扭曲"和"高斯模糊"滤镜相结合制作出背景效果；然后，输入主题文字，对主题文字进行变形处理；最后，添加相应的图层样式，完成优惠券正面效果的设计制作。使用相同的方法，可以完成背面效果的制作。

1.3.1 制作步骤

(1)执行"文件→新建"命令，弹出"新建"对话框，设置如图 1-79 所示，单击"确定"按钮，新建文档。执行"视图→标尺"命令，显示标尺，在画布中拖出参考线。设置前景色为"CMYK：100,0,0,0"，按快捷键"Alt+Delete"填充前景色。图像效果如图 1-80 所示。

(2)新建"图层 1"，设置前景色为"CMYK:100,22,1,0"，使用"画笔工具"，选择合适的画笔笔触和画笔大小，在画布中进行相应的涂抹，如图 1-81 所示。新建"图层 2"，选择"椭圆工具"，在选项栏上单击"填充像素"按钮，在画布中绘制图形，如图 1-82 所示，"图层"面板如图 1-83 所示。

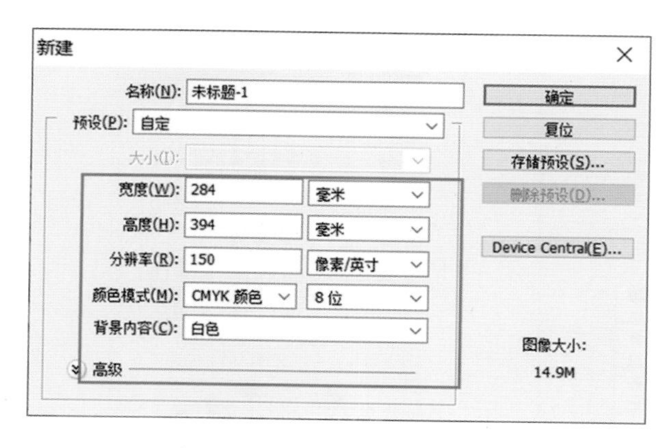

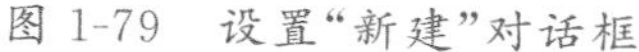
图 1-79 设置"新建"对话框

图 1-80 图像效果

图 1-81 涂抹前景色效果

图 1-82 绘制椭圆效果

图 1-83 "图层"面板

● 经验提示

使用"画笔工具"时，在画布中单击，然后按住 Shift 键单击画布中任意一点，两点之间会以直线连接。按住 Shift 键还可以绘制水平、垂直或以 45°角为增量的直线。

(3)执行"滤镜→扭曲→旋转扭曲"命令，弹出"旋转扭曲"对话框，设置如图 1-84 所示，单击"确定"按钮，应用"旋转扭曲"滤镜，再按快捷键"Ctrl+T"，对图形进行自由变换操作，效果如图 1-85 所示。

● 经验提示

“旋转扭曲”滤镜可以使图像产生旋转的风轮效果，旋转会围绕图像的中心进行，中心旋转的程度比边缘大。

(4)使用“涂抹工具”在画布中进行涂抹，执行“滤镜→模糊→高斯模糊”命令，弹出“高斯模糊”对话框，设置如图 1-86 所示。单击“确定”按钮，应用“高斯模糊”滤镜，并设置该图层的“不透明度”为 50%，效果如图 1-87 所示。

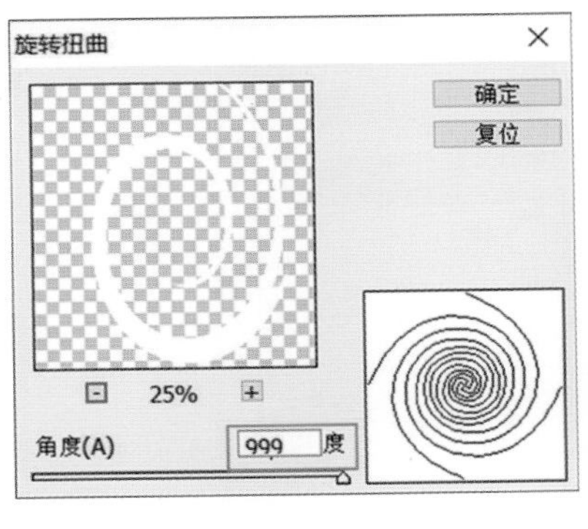

图 1-84　设置“旋转扭曲”对话框

图 1-85　图像效果

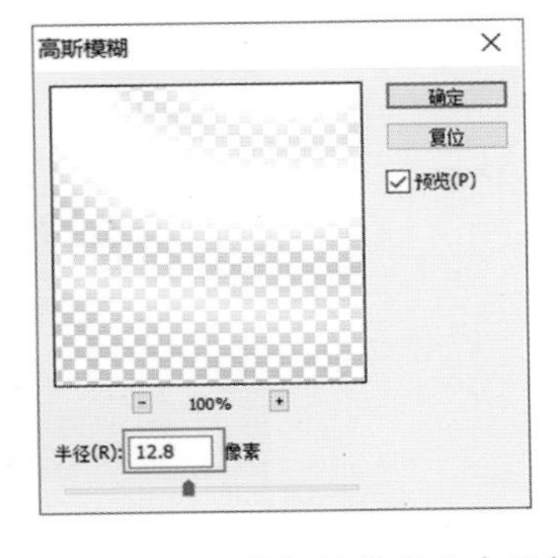

图 1-86　设置“高斯模糊”对话框

(5)新建“图层 3”，使用相同方法，完成相似图形的制作，为该图层添加图层蒙版，并填充黑白线性渐变，设置该图层的“不透明度”为 50%，效果如图 1-88 所示。打开并拖入素材“06.tif”，如图 1-89 所示，“图层”面板如图 1-90 所示。

(6)使用相同方法，打开并拖入相关素材，调整到合适位置并为部分图层添加图层蒙版和图层样式，效果如图 1-91 所示，“图层”面板如图 1-92 所示。

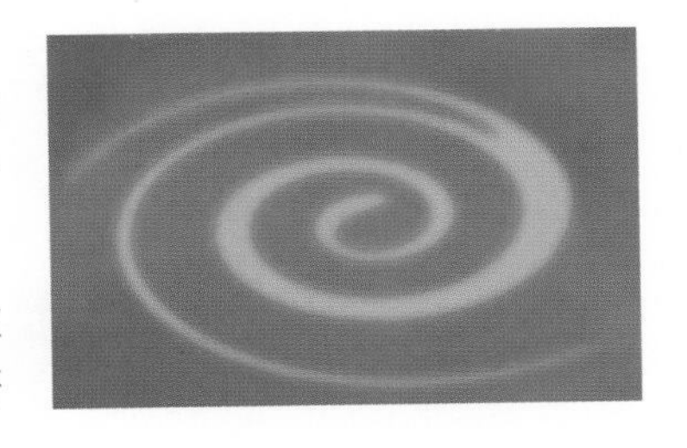

图 1-87　图像效果

图 1-88　图像效果

图 1-89　拖入素材

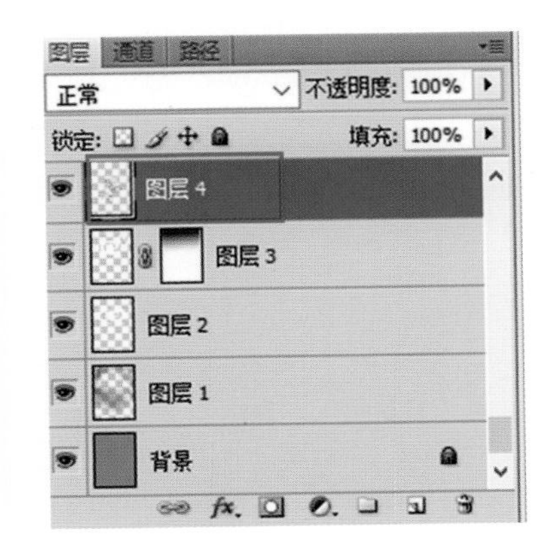

图 1-90　“图层”面板

(7)新建“图层 12”，使用“矩形选框工具”，在画布中绘制选区，设置前景色为“CMYK：100，70，0，0”，为选区填充前景色，如图 1-93 所示。使用“横排文字工具”，在“字符”面板中设置文字属性，如图 1-94 所示，在画布中输入文字，效果如图 1-95 所示。

图 1-91　图像效果

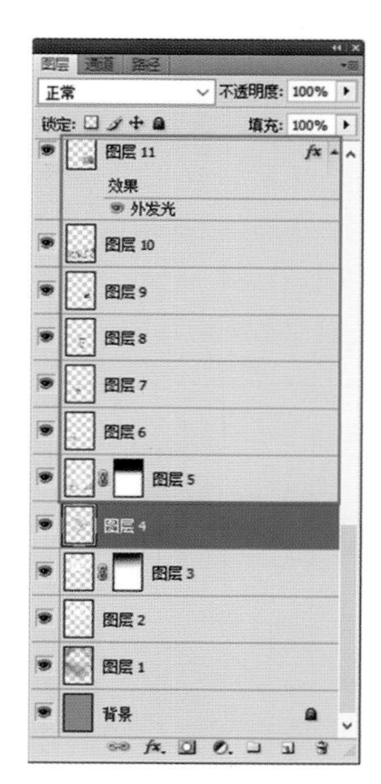

图 1-92　“图层”面板

图 1-93　图像效果

图 1-94　设置“字符”面板

图 1-95　输入文字效果

(8)选中相应的文字,在“字符”面板中进行设置,如图 1-96 所示,效果如图 1-97 所示。

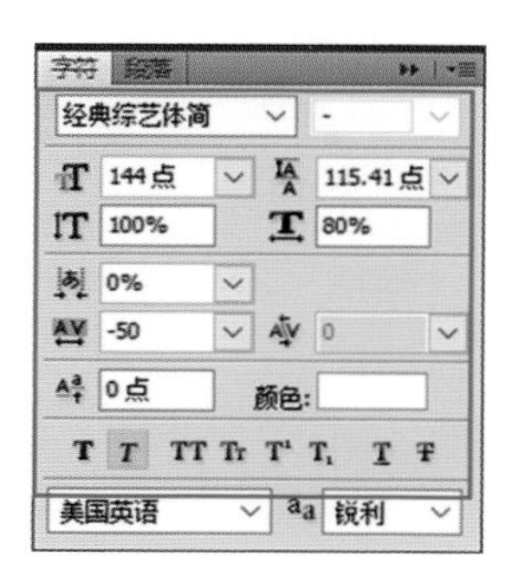

图 1-96　设置“字符”面板

图 1-97　图像效果

经验提示

在“字符”面板中对文字的字符间距进行设置时,输入正值,可以使选中的字符间距增加;输入负值,则可以使选中的字符间距减小。

(9)栅格化文字图层,执行“编辑→变换→扭曲”命令,对文字图层进行扭曲变形操作,如图 1-98 所示。双击文字图层,弹出“图层样式”对话框,在对话框左侧选择“斜面和浮雕”选项,设置如图 1-99 所示。单击“确定”按钮，完成“图层样式”对话框的设置，图像效果如图 1-100 所示。

图 1-98　图像效果

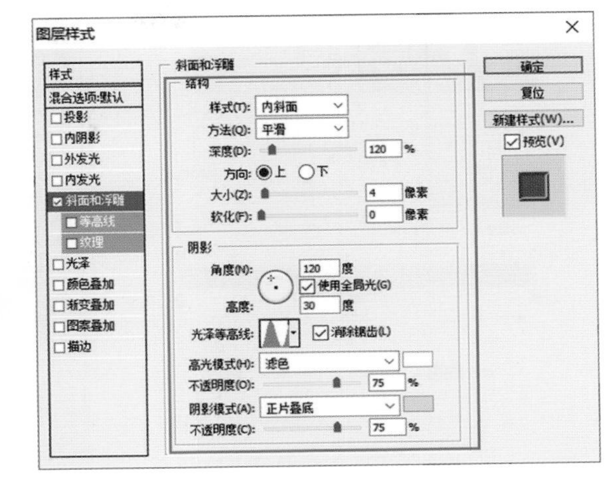

图 1-99　设置“斜面和浮雕”样式

(10)使用相同方法，完成相似内容的制作，如图 1-101 所示。

图 1-100　图像效果

图 1-101　图像效果

(11)在“图层 12”上方新建“图层 13”，使用“钢笔工具”在画布中绘制路径，如图 1-102 所示。按快捷键“Ctrl＋Enter”，将路径转换为选区，并为该选区填充黑色。“图层”面板如图 1-103 所示。

图 1-102　绘制路径

图 1-103　“图层”面板

(12)双击“图层 13”，在弹出的“图层样式”对话框的左侧选择“渐变叠加”选项，单击渐变预览条，弹出“渐变编辑器”对话框，从左至右分别设置各渐变滑块颜色为“CMYK:100,100,0,0”“CMYK:82,9,0,0”“CMYK:100,100,0,0”，如图 1-104 所示，单击“确定”按钮，其他设置如图 1-105 所示。

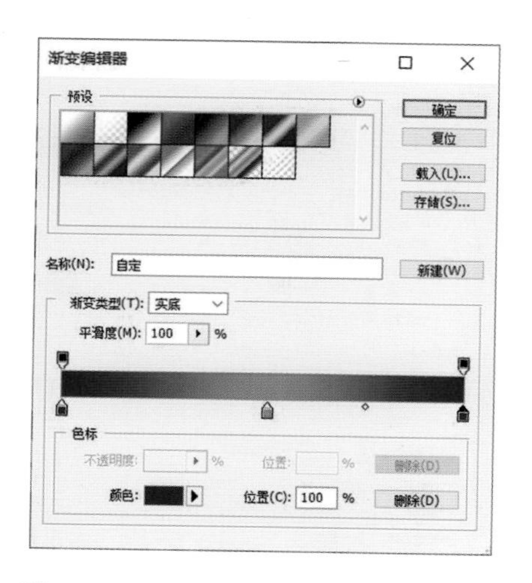

图 1-104 设置“渐变编辑器”对话框

图 1-105 设置“渐变叠加”样式

(13)单击“确定”按钮,完成“图层样式”对话框的设置,效果如图 1-106 所示。载入该图层选区,在“图层 13”下方新建“图层 14”,设置前景色为“CMYK:0,30,100,0”,为选区填充前景色,并调整图像位置,如图 1-107 所示。

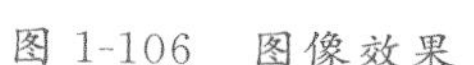

图 1-106 图像效果

图 1-107 图像效果

(14)使用相同方法,完成其他内容的制作,如图 1-108 所示,“图层”面板如图 1-109 所示。

图 1-108 图像效果 图 1-109 “图层”面板 图 1-110 图像效果

(15)使用相同方法,制作出另一个页面,效果如图 1-110 所示。最终效果如图 1-111 所示。完成该实例的制作,执行“文件→存储”命令,将其分别保存为“1-3(正).psd”和“1-3(反).psd”。

图 1-111 最终效果

1.3.2 项目小结

完成本项目实例的制作，读者需要掌握这种类型的餐厅优惠券的制作方法。在日常生活中，我们常见的肯德基、麦当劳的优惠券都是这种形式的。通过本实例的设计制作练习，读者需要能够设计制作出更多精美的餐厅优惠券。

1.4 能力训练——电话卡的设计制作

➤ 项目背景

本项目训练为设计制作一张电话卡，本电话卡是某社区网站赠送的，所以在电话卡的设计上需运用社区的整体效果图作为电话卡的背景，并在电话卡上用文字添加相应的说明。

➤ 项目任务

完成电话卡的设计制作。

➤ 项目评价

项目评价表见表 1-1。

表 1-1 项目评价表

评价项目	评价描述	评定结果		
		了解	熟练	理解
基本要求	了解卡片设计的要点	√		
	了解卡片设计的分类和设计原则	√		
	掌握使用 Photoshop 设计各种类型卡片的方法		√	

续表

评价项目	评价描述	评定结果		
		了解	熟练	理解
综合要求	了解有关卡片设计的基础知识，并且能够使用 Photoshop 设计制作出各种类型的卡片			

项目要求

在本项目训练的制作过程中，读者需要掌握电话卡的设计制作方法及创建剪贴蒙版的方法。制作该案例的大致步骤如下：

步骤 1

步骤 2

步骤 3

步骤 4

第2章
图形图像处理

最为典型的图形图像处理当属照片处理。随着科技的进步，能拍摄照片的设备已经不再局限于数码相机，各类摄影设备层出不穷，照片的美化也越来越受人们重视，不少人都希望能够对数码照片进行修饰、处理。本章将通过实例的形式以照片的美化向读者介绍使用 Photoshop 对图形图像进行处理和修饰的方法。

2.1 知识准备——图像色调的变化

项目背景

直接拍出来的照片往往需要经过适当的调整和处理，才能够在视觉上达到完美，给人一种与众不同的感觉。本项目实例将普通的人物照片处理为梦幻紫色调效果，从而使得照片表现出更加唯美的意境。

项目任务

将照片处理为梦幻紫色调。

项目分析

在日常生活中我们对拍出来的照片可能在某些方面存在不满意之处，通过对照片进行调色处理，常常可以改变照片中环境的色调，从而达到令人意想不到的效果。

设计构思

本项目实例是将照片处理为梦幻紫色调效果，通过 Photoshop 中的各种功能将照片中人物所处的环境调整为紫色调的环境，并且为照片添加一些光点效果，从而使人物仿佛置身于童话世界。本实例的最终效果如图 2-1 所示。

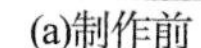
(a)制作前

(b)制作后

图 2-1 最终效果

设计师提示

1. 基本处理与修饰

在平常拍摄照片时，有时会因为取景或拍摄的技术有限，导致拍摄出的照片效果不理想，这时就需要对照片进行一些基本的处理操作，例如修改照片尺寸、修正照片倾斜、调整照片清晰度、去除照片上的日期等。

2. 人物美容

日常的拍摄多是以人物照片为主，所以照片效果的好坏和照片中的人物形象有着直接的关系，但人物状态有时并不完美，在拍摄中难免会有小小的瑕疵，需要利用 Photoshop 对照片中的人物进行美容处理。

3. 照片调色

照片调色主要是调整在日常拍摄的照片中经常出现的一些色彩偏差或者瑕疵问题，比如颜色失真、对比失调、色彩不和谐、照片过灰、白平衡错误等。这些拍摄缺陷是无法避免的，但是可以通过 Photoshop 的图像处理功能来校正，使原来存在问题的照片立刻变得生动起来，使生活更加丰富多彩。

4. 照片特效

照片特效主要是指在原照片的基础上为照片添加环境因素，从而达到美化照片的效果，如增加细雨绵绵效果、雪景效果、梦幻效果等，使普通的照片能够呈现出另外的视觉特效。

5. 照片合成

将两张或多张数码照片利用 Photoshop 巧妙地合成为一张新的照片称为数码照片的合成。通过对多张数码照片进行合成处理，往往能够达到一种意想不到的效果，使数码照片能够呈现出别样风情。

➤技能分析

利用“色相/饱和度”命令可以调整图像中特定颜色范围的色相、饱和度和明度，或者同时调整图像中的所有颜色。该命令尤其适用于微调 CMYK 图像中的颜色，以使它们处在输出设备的色域内。图 2-2 所示为“色相/饱和度”对话框。

· 预设：单击“预设”选项后面的小三角按钮，将出现下拉列表，如图 2-3 所示，在该下拉列表中的选项全部都是系统默认的“色相/饱和度”预设选项，这些选项会给图像带来不同的效果，在制作的过程中读者可以根据需要直接选择。

· 编辑范围：单击“全图”右侧按钮，弹出下拉列表，如图 2-4 所示，在列表中可以选择要调整的颜色，如选择“全图”选项，可调整图像中所有的颜色；选择其他选项则只对图像中对应的颜色进行调整。

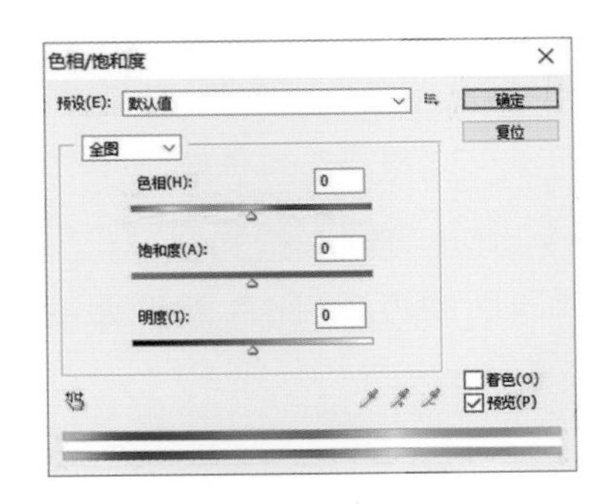

图 2-2 “色相/饱和度”对话框

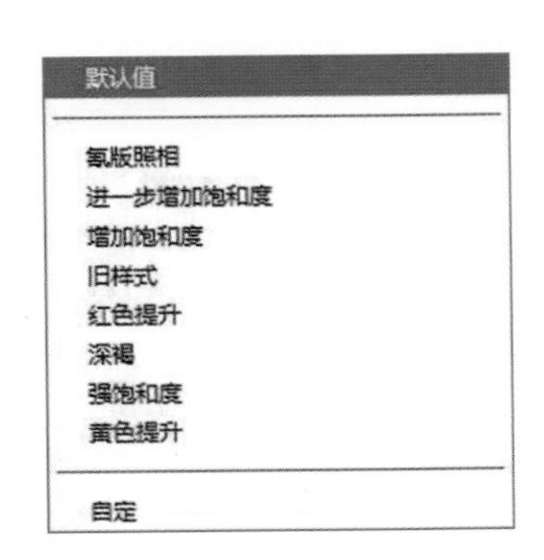

图 2-3 “预设”下拉列表

全图	Alt+2
红色	Alt+3
黄色	Alt+4
绿色	Alt+5
青色	Alt+6
蓝色	Alt+7
洋红	Alt+8

图 2-4 编辑范围下拉列表

· 色相:拖动该滑块可以改变图像的色相。

· 饱和度:向右侧拖动滑块可以增加饱和度,向左侧拖动滑块则减少饱和度。

· 明度:向右侧拖动滑块可以增加明度,向左侧拖动滑块则降低明度。

· 着色:勾选该选项,可以将图像转换为只有一种颜色的单色图像。变为单色图像后,可拖动“色相”“饱和度”“明度”滑块调整图像颜色。

· 吸管工具:如果在“编辑”选项中选择了一种颜色,可以使用“吸管工具”在图像中单击定义颜色范围;使用“添加到取样”工具在图像中单击可以增加颜色范围;使用“从取样中减去”工具在图像中单击可以减少颜色范围。设置了颜色范围后,可以拖动滑块来调整颜色的色相、饱和度或明度。

➢ 项目实施

在本项目实例的制作过程中,首先对通道进行操作,再对其“色相/饱和度”进行反复调整,调整照片的颜色,后期使用“照片滤镜”选项和“高斯模糊”滤镜等对照片进行进一步操作,最终将照片处理为梦幻紫色调效果。

2.1.1 制作步骤

(1)执行“文件→打开”命令,打开照片素材“01.jpg”,效果如图 2-5 所示。按快捷键“Ctrl+J”,复制“背景”图像并得到新图层,如图 2-6 所示。

(2)执行“窗口→通道”命令,打开“通道”面板,如图 2-7 所示。选择“绿”通道,按快捷键“Ctrl+A”,将“绿”通道全部选中,按快捷键“Ctrl+C”,将其复制,选择“蓝”通道,按快捷键“Ctrl+V”将其粘贴。返回到“图层”面板,选择“图层 1”,按快捷键“Ctrl+D”,将选区取消,照片效果如图 2-8 所示。

图 2-5　打开照片

图 2-6　复制图层

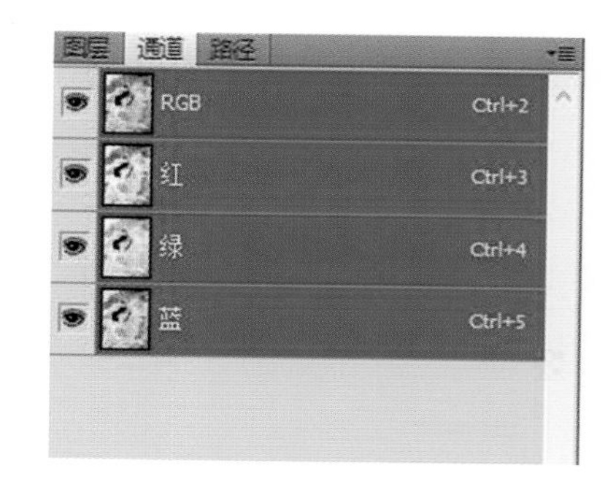

图 2-7　“通道”面板

(3)选择“图层 1”,执行“图像→调整→色相/饱和度”命令,弹出“色相/饱和度”对话框,设置如图 2-9 所示。单击“确定”按钮,完成“色相/饱和度”对话框的设置,照片效果如图 2-10 所示。

图 2-8 照片效果

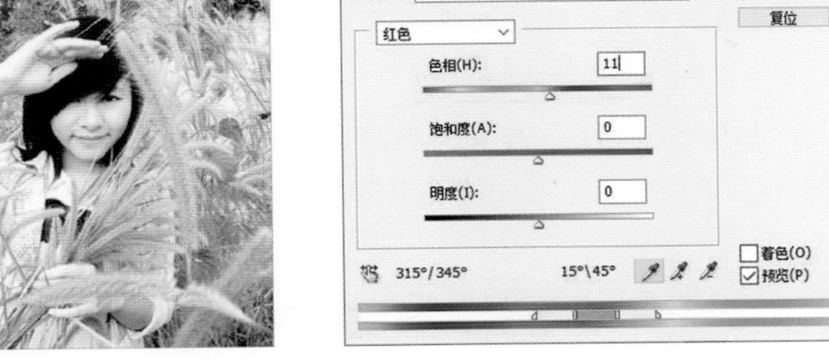

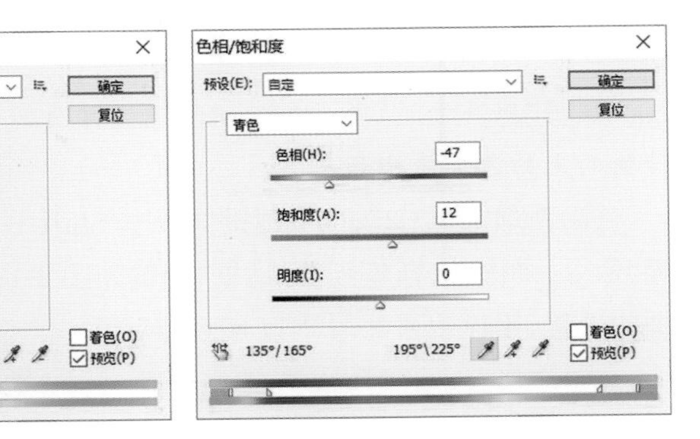

图 2-9 设置“色相/饱和度”对话框

图 2-10 照片效果

● 经验提示

在此处对照片的色调进行调整时，要注意通道和“色相/饱和度”的综合运用，如果只使用其中一种功能来进行调整，可能会达不到好的效果。

(4)选择“图层 1”，执行“图像→调整→照片滤镜”命令，弹出“照片滤镜”对话框，设置如图 2-11 所示。单击“确定”按钮，完成“照片滤镜”对话框的设置，照片效果如图 2-12 所示。

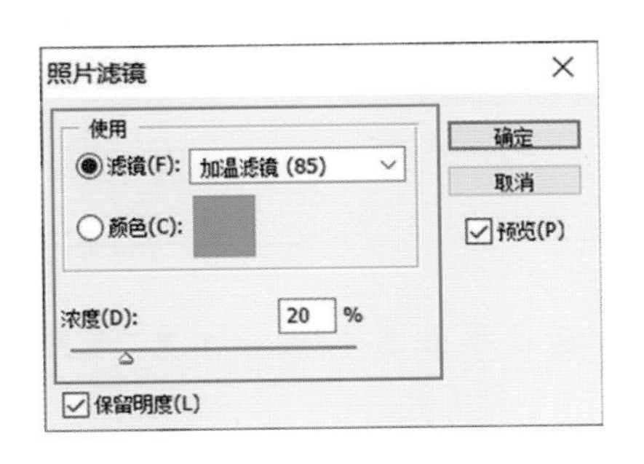

图 2-11 设置“照片滤镜”对话框

图 2-12 照片效果

● 经验提示

使用“照片滤镜”命令和在相机镜头前面加彩色滤镜的效果是基本相同的，是为了调整镜头传输的光的色彩平衡和色温。

(5)新建“图层 2”，按快捷键“Ctrl＋Shift＋Alt＋E”盖印图层，执行“滤镜→模糊→高斯模糊”命令，弹出“高斯模糊”对话框，设置如图 2-13 所示。单击“确定”按钮，完成“高斯模糊”对话框的设置，照片效果如图 2-14 所示。

(6)选择“图层 2”，设置其混合模式为“柔光”，“图层”面板如图 2-15 所示，照片效果如图 2-16 所示。

图 2-13 设置“高斯模糊”对话框

图 2-14 照片效果

图 2-15 “图层”面板

(7)单击“添加图层蒙版”按钮，为“图层 2”添加图层蒙版，使用“画笔工具”，设置前景色为黑色，将人物部分显示出来，如图 2-17 所示。新建“图层 3”，按快捷键“Ctrl＋Shift＋Alt＋E”盖印图层，执行“滤镜→锐化→USM 锐化”命令，弹出“USM 锐化”对话框，设置如图 2-18 所示。单击“确定”按钮，完成“USM 锐化”对话框的设置，照片效果如图 2-19 所示。

图 2-16 照片效果

图 2-17 照片效果

图 2-18 设置“USM 锐化”对话框

● 经验提示

如果需要对图像的局部进行锐化处理，还可以通过单击选择“锐化工具”来完成，但是需要注意不能过度锐化，否则会造成图像失真。

(8)执行“图像→调整→色相/饱和度”命令，弹出“色相/饱和度”对话框，在颜色编辑范围下拉列表中选择“绿色”选项，设置如图 2-20 所示。

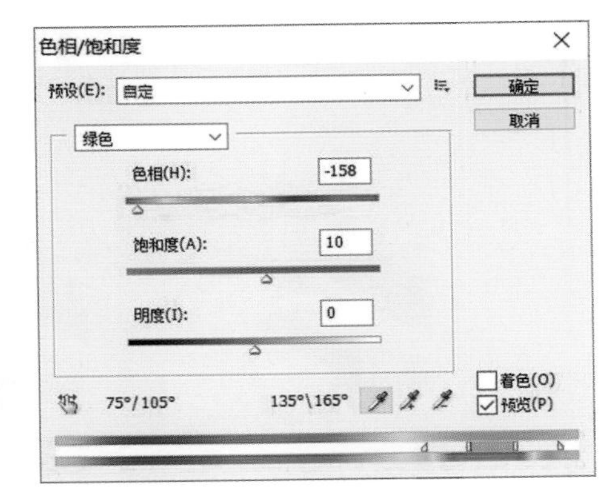

图 2-19 照片效果　　图 2-20 设置“色相/饱和度”对话框“绿色”选项

(9)在“色相/饱和度”对话框中的颜色编辑范围下拉列表中选择“青色”选项，设置如图 2-21 所示，单击“确定”按钮，完成“色相/饱和度”对话框的设置，照片效果如图 2-22 所示。

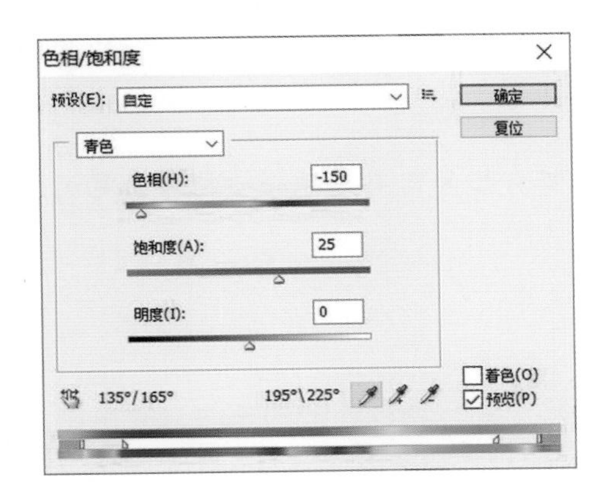

图 2-21 设置“色相/饱和度”对话框“青色”选项

图 2-22 照片效果

经验提示

使用“着色”复选框可以将 RGB、CMYK 或其他颜色模式下的灰色和黑色图像变成彩色图像，但并不是将灰度模式或者黑白颜色的位图模式的图像变成彩色图像。位图和灰度模式的图像是不能使用“色相/饱和度”命令的。要对这些图像使用该命令，必须先将其转换为 RGB 模式或其他彩色的颜色模式。

(10)单击工具箱中的“画笔工具”按钮 设置前景色为白色，执行“窗口→画笔”命令，打开“画笔”面板，设置如图 2-23 所示。

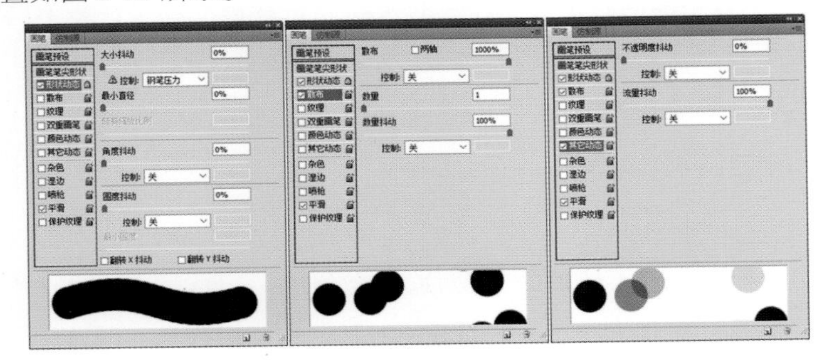

图 2-23 设置“画笔”面板

(11)完成“画笔”面板的设置,在图像上单击或拖动添加白色的光点。完成照片效果的制作,制作前后效果对比如图 2-24 所示。执行“文件→存储为”命令,将制作完成后的效果保存为“2-1. psd”。

(a)制作前

(b)制作后

图 2-24 制作前后效果对比

● 经验提示

“画笔工具”的功能比较强大,读者可以根据自己的需要选择一些特殊的笔刷,还可以自定义一些笔刷。

2.1.2 项目小结

完成本项目实例的制作,读者需要掌握对照片进行调色处理的方法,如“色相/饱和度”“照片滤镜”等功能的使用方法,并且学会将照片调整为不同的色调效果。

2.2 知识准备——图像风格的塑造

➢ 项目背景

图像风格的塑造,主要是指通过各种不同滤镜将普通的照片变成具有艺术气息的绘画效果,在为照片添加艺术效果的同时也为照片中的人物或是景物增添了许多不同的韵味和意境。本项目将带领读者将普通风景照片处理为水墨山水画效果。

➢ 项目任务

将照片处理为水墨山水画效果。

➢ 项目分析

在日常生活中有很多比较不错的风景照片,稍做修饰后可成为具有艺术气息的水墨山水画。本项目实例就是通过将 Photoshop 中的滤镜与其他功能相结合,将照片处理为中国风的水墨山水画。

➤设计构思

在本实例的制作过程中，主要是运用 Photoshop 中的“高斯模糊”滤镜、“去色”操作和图层混合模式设置，将普通的风景照片处理为水墨山水画效果。本实例的最终效果如图 2-25 所示。

(a)处理前

(b)处理后

图 2-25　照片处理前后效果对比

➤设计师提示

Photoshop 作为专业的图形图像处理软件，在数码照片处理方面当然也不逊色。Photoshop 对于照片的处理多体现在调整照片的整体效果和弥补不足上。

修饰数码照片的方式有很多，常用的有以下三种：

1. 照片尺寸调整

用数码相机拍摄的照片多为 1600×1200 像素或更高的分辨率。调整照片尺寸多数为以下两种情况：一是照片所占用空间较大，修改后在照片质量不变的情况下缩减照片大小；二是根据具体尺寸要求进行修改，如将数码照片修改为 1 寸或 2 寸照片。在各种证件和凭证上，照片的尺寸往往是有严格要求的。图 2-26 所示为将普通数码照片处理为证件照。

图 2-26　将数码照片处理为证件照

2. 自动调节

由于拍摄技术、光线等因素的影响，所得到的照片常会有不足之处，比如存在色彩不足、光线暗淡、焦距曝光效果不好等缺陷，因此需要利用 Photoshop 调节亮度、饱和度等参数，以使照片效果达到理想状态。图 2-27 所示为调整照片光效。

图 2-27　调整照片光效

3. 手动修改

在 Photoshop 中的“调整”功能下有许多针对色彩、饱和度、亮度等效果进行调整的专业选项，利用这些选项可以对照片进行手动的调节和修改。最为常用的是“色阶”和“曲线”两项功能，利用它们能从整体上优化照片的效果而又不会使照片失真。图 2-28 所示为对照片进行调色处理。

图 2-28　对照片进行调色处理

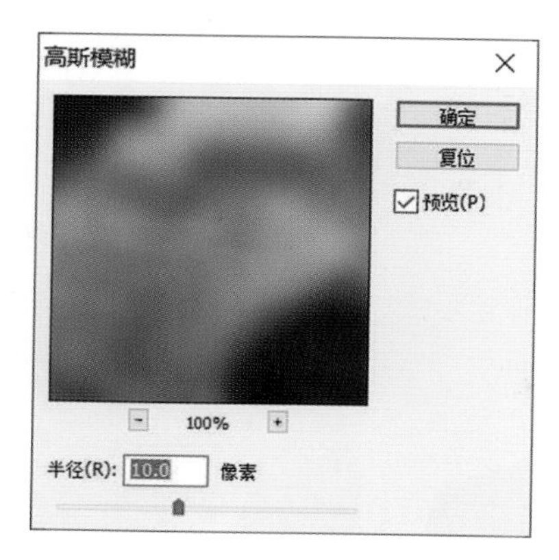

图 2-29　“高斯模糊”对话框

➤ 技能分析

利用“高斯模糊”滤镜可以添加低频细节，使图像产生一种朦胧效果。选择需要应用“高斯模糊”滤镜的图像，执行“滤镜→模糊→高斯模糊”命令，会弹出“高斯模糊”对话框，如图 2-29 所示。其“半径”选项用来设置模糊的范围，以像素为单位，设置的数值越大，模糊的效果越强烈。

➤ 项目实施

在本项目实例的制作过程中，首先复制图层并应用“高斯模糊”滤镜对照片进行处理，设置该图层的混合模式；接着盖印图层并执行“去色”操作，使用“减淡工具”对照片中相应的部分进行处理；然后添加色阶调整图层对照片进行调整；最后为照片添加相应的文字，完成水墨山水画效果的处理。

2.2.1　制作步骤

(1)执行“文件→打开”命令，打开照片素材“02.jpg”，如图 2-30 所示。按快捷键“Ctrl+J”，复制“背景”图层得到“背景 副本”图层，如图 2-31 所示。

(2)选择“背景 副本”图层，执行“滤镜→模糊→高斯模糊”命令，弹出“高斯模糊”对话框，设置如图 2-32 所示。单击“确定”按钮，完成“高斯模糊”对话框的设置，照片效果如图 2-33 所示。

(3)保持“背景 副本”图层的选中状态，将其混合模式改为“柔光”，“图层”面板如图 2-34 所示，照片效果如图 2-35 所示。

● 经验提示

选择“柔光”混合模式后，当前图层中的颜色决定了图像变亮还是变暗。如果当前图层中的颜色比 50%灰色亮，则图像变亮；如果颜色比 50%灰色暗，则图像变暗。该模式产生的效果与发散的灯光照在图像上相似，混合后的图像色调变化比较温和。

图 2-30 打开照片

图 2-31 复制图层

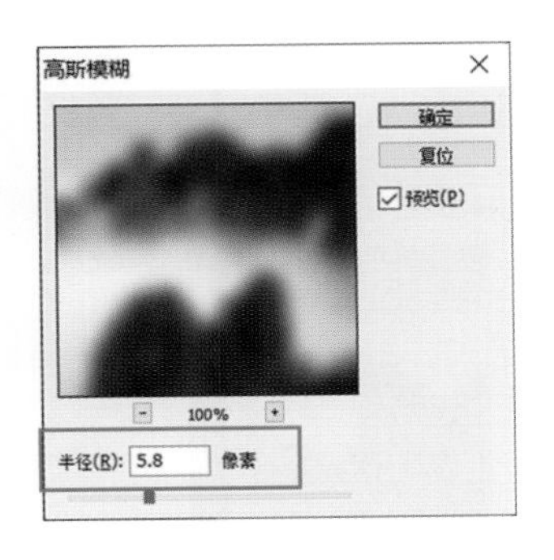

图 2-32 “高斯模糊”对话框设置

图 2-33 照片效果

图 2-34 “图层”面板

图 2-35 照片效果

(4)选中“背景 副本”图层，按快捷键“Ctrl＋J”，将“背景 副本”图层拷贝两次，“图层”面板如图 2-36 所示。新建“图层 1”，按快捷键“Ctrl＋Alt＋Shift＋E”盖印图层，按快捷键“Ctrl＋Shift＋U”对图像进行去色操作，照片效果如图 2-37 所示。

(5)单击工具箱中的“减淡工具”按钮 ，将图像中山体的亮部进行加亮处理，效果如图 2-38 所示。按快捷键“Ctrl＋J”，拷贝“图层 1”得到“图层 1 副本”图层，选择该图层，执行“滤镜→模糊→高斯模糊”命令，弹出“高斯模糊”对话框，设置如图 2-39 所示。单击“确定”按钮，完成“高斯模糊”对话框的设置，效果如图 2-40 所示。

图 2-36 “图层”面板

图 2-37 照片效果

图 2-38 照片效果

● 经验提示

“减淡工具”是色调工具，使用该工具在图像上涂抹可以改变图像被涂抹区域的曝光度，使

图像变亮。

(6)将“图层 1 副本”的混合模式设置为“正片叠底”,“不透明度”为 65%,如图 2-41 所示。完成设置,效果如图 2-42 所示。

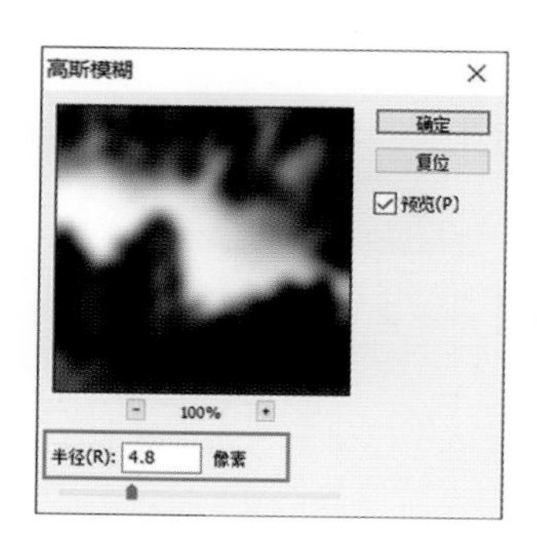

图 2-39 “高斯模糊”对话框

图 2-40 照片效果

图 2-41 “图层”面板设置

(7)在“图层”面板中单击“创建新的填充或调整图层”按钮,在弹出菜单中选择“色阶”选项,创建“色阶 1”图层,“图层”面板如图 2-43 所示。

(8)在弹出的“调整”面板中进行设置,如图 2-44 所示。完成设置后将“调整”面板关闭,照片效果如图 2-45 所示。

图 2-42 照片效果

图 2-43 “图层”面板

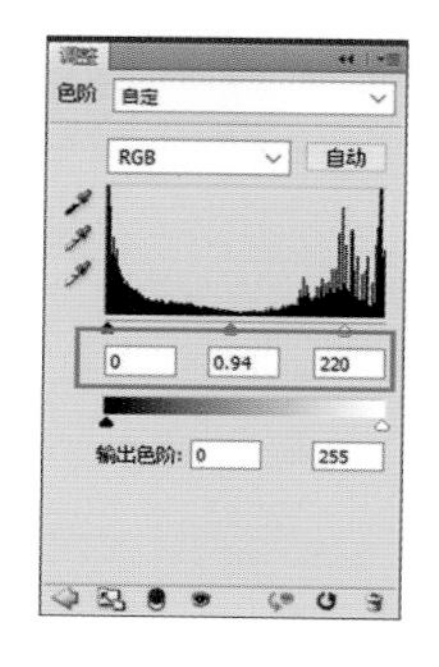

图 2-44 “调整”面板

(9)新建“图层 4”,使用“画笔工具”,分别设置前景色为“RGB:255,247,153”和“RGB:204,225,152”,并依次在图像中的山石处进行涂抹,效果如图 2-46 所示。完成涂抹后,设置该图层的混合模式为“柔光”,照片效果如图 2-47 所示。

图 2-45 照片效果

图 2-46 照片效果

(10)执行“文件→打开”命令,打开照片素材“03.jpg”,并使用“套索工具”在图像上绘制相应的选区,效果如图 2-48 所示。将选区中的图像复制到之前设计的文档中,并使用“橡皮擦工具”进行相应的擦除，效果如图 2-49 所示。

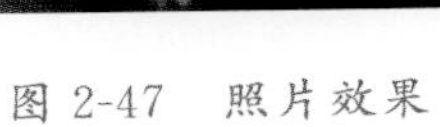

图 2-47 照片效果

图 2-48 绘制选区

图 2-49 照片效果

(11)新建“图层 6”，根据前面的制作方法，使用“画笔工具”，分别设置两种前景色，在刚刚拖入的图像上进行涂抹，效果如图 2-50 所示。单击工具箱中的“横排文字工具”按钮 T，其“字符”面板设置如图 2-51 所示。

图 2-50 图像效果

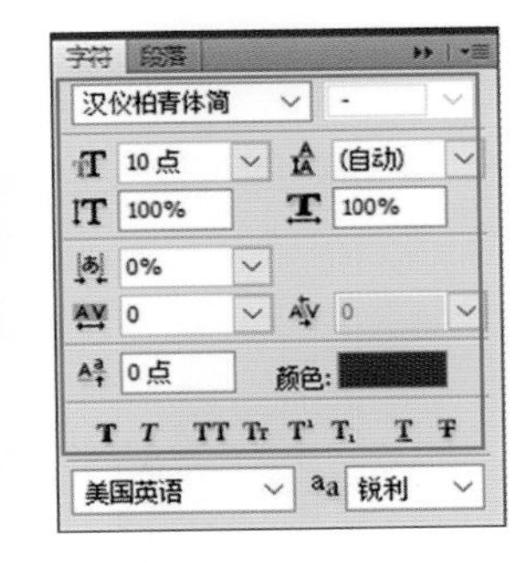

图 2-51 “字符”面板设置

(12)在照片上输入相应的文字内容，完成山水画的制作，照片处理前后效果对比如图 2-52 所示。执行“文件→存储”命令，将处理完的照片保存为“2-2. psd”。

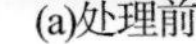

(a)处理前

(b)处理后

图 2-52 照片处理前后效果对比

2.2.2 项目小结

完成本项目实例的制作，读者需要注意学习处理照片的方法以及滤镜的应用，并通过该实例的制作，举一反三，学会将照片处理为油画、水彩画等其他的艺术风格。

2.3 知识准备——图像的合成

项目背景

在拍摄婚纱照片时，往往很难找到一些特定的实地场景，这就需要在影棚中拍摄，然后再做后期的合成处理，或者因版面设计需要对照片进行合成处理。本项目实例将带领读者完成婚纱照的合成处理。

项目任务

完成婚纱照的合成处理与制作。

项目分析

Photoshop 照片处理功能可以在广告图像的修饰、婚纱摄影照片的修饰和个人日常照片的修饰上大显身手，利用它可以对已有图像照片进行各种各样的变换。本项目实例将对多张婚纱照片进行处理，使其更加自然地融合在一起。

设计构思

本实例主要以营造温馨的氛围为主，使用粉色为主色调，然后利用蒙版和画笔，将多张婚纱照与背景相互融合。本实例最终效果如图 2-53 所示。

图 2-53 最终效果

设计师提示

目前，使用数码相机拍照十分快捷，用户在拍摄照片的同时，可对其加以查看，选择决定将哪些数码照片保留下来，对哪些照片加以替换或改进，或将哪些照片保持在待剪辑状态。

谈到数码照片，就不得不说到数码照片后期处理。在数码摄影中，拍摄时的状态固然重要，后期的制作也非常重要，处理得好，原本普通的一张图片也会给人带来意想不到的效果。

照片处理作为数码摄影的一个重要环节，需要遵循以下原则。

1. 和谐统一原则

此处的"和谐统一"包括色彩、饱和度和明度等在一张照片中的和谐与统一。

2. 相近原则

在修饰照片的时候尽量使用照片中部分的相近颜色。

3. 自动原则

在对照片进行校正的时候尽量使用软件菜单中带有"自动"前缀的命令。

数码照片的处理过程都有着共通之处，读者可以根据实际发挥自己的创意处理出个性的数码照片。

技能分析

Photoshop 中的蒙版模仿的是传统印刷中的一种工艺。传统印刷时用一种红色的胶状物来保护印版，所以在 Photoshop 中蒙版默认的颜色是红色。蒙版是将不同的灰度色值转化为不同的透明度，并作用到它所在的图层，使图层的不同部位的透明度产生相应的变化：黑色为完全透明，白色为完全不透明。

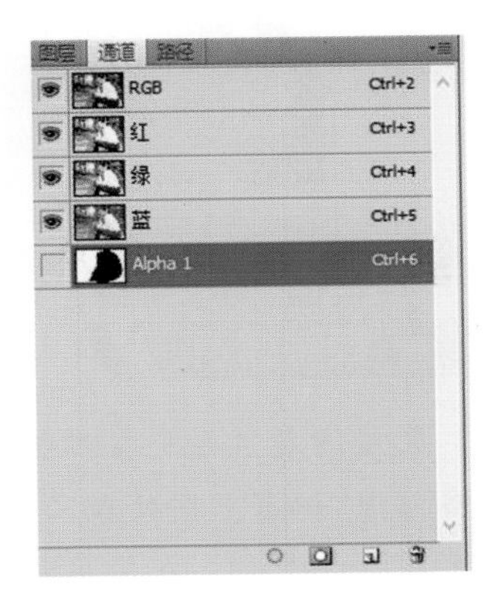

图 2-54　存储选区

蒙版用于保护被遮蔽的区域，使该区域不受任何操作的影响，它是作为 8 位灰度通道存放的，可以使用所有绘画和编辑工具进行调整和编辑。在"通道"面板中选择蒙版通道后，前景色和背景色都以灰度显示。使用蒙版可以将需要重复使用的选区存储为 Alpha 通道，如图 2-54 所示。

对蒙版和图像进行预览时，蒙版的颜色一般是半透明的红色，被它遮盖的区域是非选择部分，其余的是选择部分。对图像所做的任何改变将不对蒙版区域产生影响。

项目实施

在本实例的制作过程中，首先将两张照片拖入新建文档中，为图层添加蒙版，通过对蒙版进行操作，使两张照片结合在一起；再通过背景素材的运用，使婚纱照片的场景更丰富；接着使用剪贴蒙版的功能，制作出其他照片的效果；最后添加相应的文字，完成婚纱照片的处理。

2.3.1　制作步骤

(1)执行"文件→新建"命令，弹出"新建"对话框，设置如图 2-55 所示，单击"确定"按钮，新建一个空白文档。执行"文件→打开"命令，打开素材"04.jpg"，将该素材拖入新建的文档中，如图 2-56 所示。

(2)打开照片素材"05.jpg"，如图 2-57 所示，将该素材拖入新建文档中，得到"图层 2"。为"图层 2"添加图层蒙版，使用"渐变工具"，在蒙版中拖动鼠标填充黑白线性渐变，效果如图 2-58 所示。

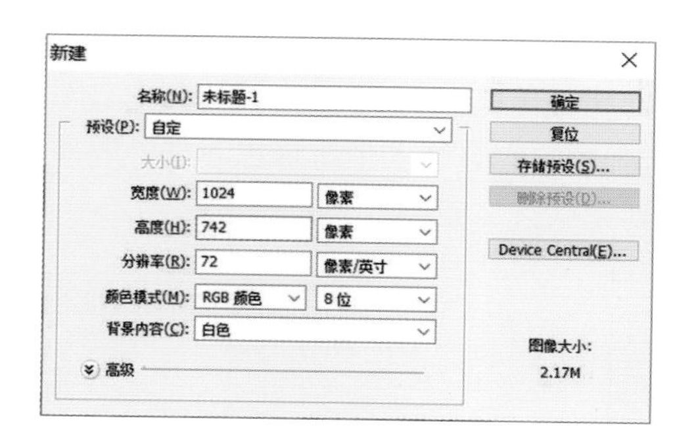

图 2-55　设置“新建”对话框

图 2-56　拖入照片素材

图 2-57　打开照片素材

图 2-58　添加图层蒙版并填充渐变后效果

● 经验提示

蒙版图层主要是在不损坏原图层的基础上新建的一个活动的图层。在蒙版图层上可以做许多处理，但有一些处理必须在真实的图层上操作。一般使用蒙版都要复制一个图层，在必要时可以拼合图层。在使用蒙版对图像进行操作时，如果做的效果不好可以将蒙版图层删除，而不会损坏原来的图像。

(3)使用“画笔工具”，设置前景色为黑色，在蒙版中进行相应涂抹，效果如图 2-59 所示，“图层”面板如图 2-60 所示。

● 经验提示

在对图层蒙版进行操作时需要注意，必须单击图层蒙版缩览图，选中需要操作的图层蒙版，才能够针对图层蒙版进行操作。在蒙版中黑色为遮住区域，白色为显示区域，灰色为半透明区域。默认情况下，添加的图层蒙版是白色的。

图 2-59　蒙版效果

图 2-60　“图层”面板

(4)打开素材“06. jpg”,将其拖入设计文档中,如图 2-61 所示,得到“图层 3”。用相同方法,为“图层 3”添加图层蒙版,使用“画笔工具”,在图层蒙版中进行涂抹操作,效果如图 2-62 所示。

图 2-61 拖入素材

图 2-62 添加图层蒙版效果

(5)打开素材“hua. tif”,如图 2-63 所示。将该素材拖入设计文档中,得到“图层 4”,将其移动到相应位置,如图 2-64 所示。

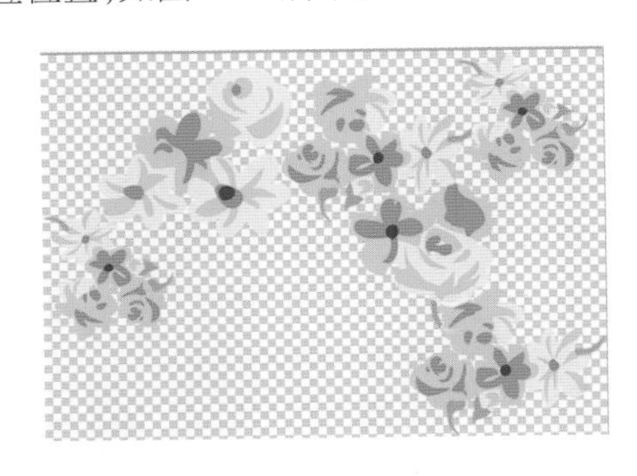

图 2-63 打开素材

图 2-64 拖入素材并移动

(6)多次复制“图层 4”,移动到相应位置,并使用“自由变换”命令进行相应的调整,如图 2-65 所示。使用“圆角矩形工具”,设置前景色为白色,在选项栏上设置“半径”为“10 px”,在画布中绘制圆角矩形,效果如图 2-66 所示。

● 经验提示

使用“圆角矩形工具”可以绘制圆角矩形。在“圆角矩形工具”的选项栏上有一个“半径”选项,该选项用来设置所绘制的圆角矩形的圆角半径,该值越大,圆角越明显。

图 2-65 复制图层

图 2-66 绘制圆角矩形效果

(7)单击“图层”面板上的“添加图层样式”按钮 fx. ,在弹出菜单中选择“描边”选项,弹出

"图层样式"对话框,设置如图 2-67 所示。设置完成后,单击"确定"按钮,效果如图 2-68 所示。

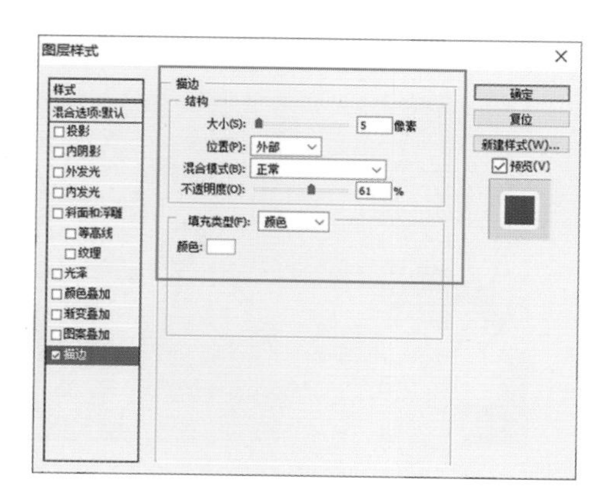

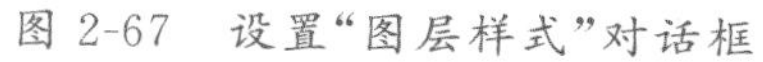

图 2-67 设置"图层样式"对话框

图 2-68 描边效果

(8)打开素材"07.jpg",将该素材拖入设计文档中,得到"图层 5",将其移动到相应位置,如图 2-69 所示。执行"图层→创建剪贴蒙版"命令,效果如图 2-70 所示。"图层"面板如图 2-71 所示。

图 2-69 照片效果

图 2-70 创建剪贴蒙版效果

● 经验提示

剪贴蒙版是通过使用处于下方的图层的形状来限制上方图层的显示状态的。

(9)单击"图层"面板上的"创建新的填充或调整图层"按钮,在弹出菜单中选择"纯色"选项,设置颜色为"RGB:255,255,255",创建"颜色填充 1"调整图层,"图层"面板如图 2-72 所示。使用"画笔工具",设置前景色为黑色,在纯色调整图层的图层蒙版中进行涂抹,效果如图 2-73 所示。

图 2-71 "图层"面板

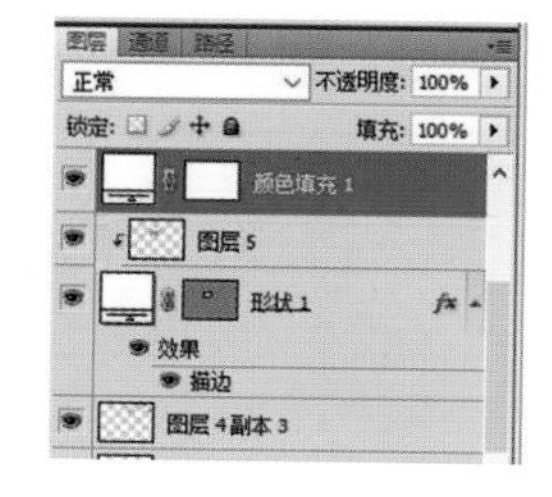

图 2-72 "图层"面板

图 2-73 照片效果

(10)使用"横排文字工具",选择相应的字体和字体颜色,在画布中输入文本,如图 2-74 所示。依次选择相应的字母,在"字符"面板中设置相应的字体大小,效果如图 2-75 所示。

图 2-74　输入文本

图 2-75　文字效果

(11)单击“图层”面板上的“添加图层样式”按钮,在弹出的菜单中选择“外发光”选项,弹出“图层样式”对话框,设置如图 2-76 所示。设置完成后,单击左侧“样式”下的“描边”选项,在右侧进行相应设置,如图 2-77 所示。

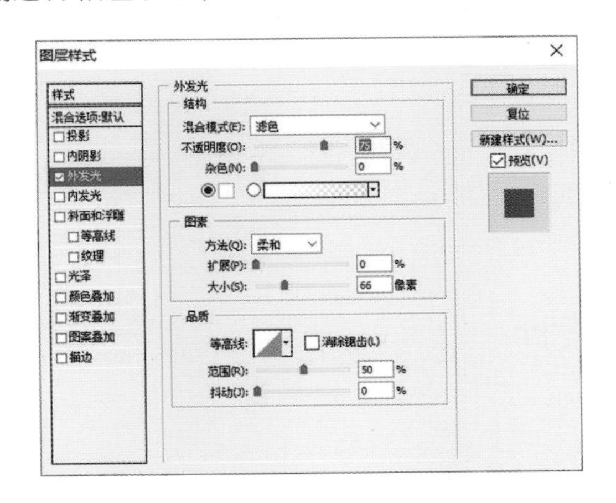

图 2-76　设置“图层样式”对话框

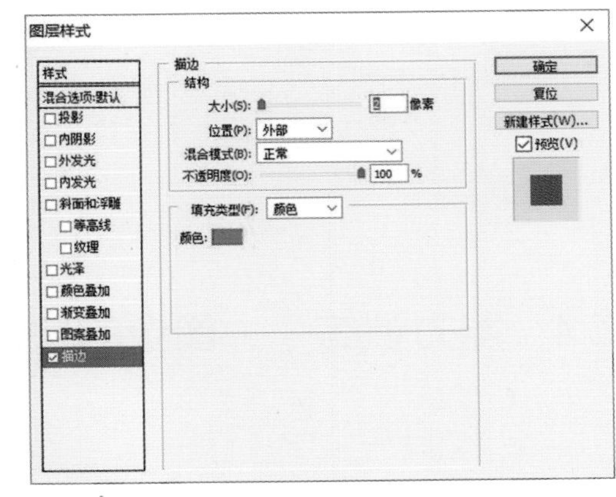

图 2-77　设置“描边”选项

(12)设置完成后,单击“确定”按钮,效果如图 2-78 所示。以相同方法,使用“横排文字工具”在画布中输入相应的文本内容并进行设置,如图 2-79 所示。

(13)完成婚纱照片的制作,最终效果如图 2-80 所示。执行“文件→存储为”命令,将处理完的照片存储为“2-3. psd”。

2.3.2　项目小结

完成本项目实例的制作,读者需要掌握婚纱照片的表现方法,以及使用图层蒙版合成婚纱照片的方法。婚纱照的合成需要综合运用 Photoshop 中的各种功能,读者可以多留意常见婚纱照的效果,自己动手合成婚纱照。

图 2-78　文字效果

图 2-79　输入文本并设置

图 2-80　最终效果

2.4　能力训练——图像的综合设计

项目背景

本项目训练为将一张普通的人物照片处理为梦幻光影效果，通过使用“中间值”和“高斯模糊”滤镜对照片进行处理，并结合图层蒙版将人物擦出，最后装饰一些梦幻元素制作出梦幻的效果。

项目任务

完成人物照片的梦幻光影效果的制作。

项目评价

项目评价表见表 2-1。

表 2-1　项目评价表

评价项目	评价描述	评定结果		
		了解	熟练	理解
基本要求	了解数码照片处理的分类和装饰元素	√		
	理解数码照片处理的要求			√
	掌握使用 Photoshop 处理数码照片的方法		√	
综合要求	了解数码照片处理的相关知识，并且能够使用 Photoshop 的相关工具和功能对数码照片进行处理			

项目要求

在本项目训练的制作过程中，读者需要注意学习各种素材图像相互叠加的处理技巧以及不同的图层混合模式所产生的效果。制作该案例的大致步骤如下：

步骤 1

步骤 2

步骤 3

步骤 4

步骤 5

步骤 6

第3章 制作特效文字

文字是平面广告中主要的组成部分，是信息的重要载体，合理地对文字进行设计处理，不仅可以使广告作品的效果更加美观，而且还对信息的传达有直接的影响。本章将分别向读者介绍字体设计制作的方法和技巧，使读者能够充分理解字体设计的重要性，并掌握字体设计的方法。

3.1 知识准备——立体文字效果设计

➤ 项目背景

运用 Photoshop 中的一些基本功能，同样可以制作出一些非常精美的文字效果。本项目实例就将带领读者完成立体文字效果的制作。在该实例的制作过程中主要运用了 Photoshop 中的一些基本功能。

➤ 项目任务

完成立体文字效果的设计制作。

➤ 项目分析

本实例中的立体文字效果需要能够体现出文字的立体感，而且还需要体现出水晶质感。本实例通过复制图像的方式制作出文字的立体感，通过为文字添加镜面倒影和填充渐变颜色的方法，体现出文字的水晶质感。

➤ 设计构思

在本实例的制作过程中，将文字图形进行扭曲从而使文字更具有纵深感；载入文字选区并为选区填充图像；通过复制文字制作出文字的立体感，并为相应的部分填充图像。读者在本实例的制作过程中，注意学习体现文字立体感的方法。本实例的最终效果如图 3-1 所示。

图 3-1　最终效果

➤ 设计师提示

人类的文明可以追溯到远古时代，那时候就已经发明了象形文字。平面设计的起源是人类社会走向文明的象征。在文字出现以前，人类依据各种图形符号进行记事与交流，直至图形演变为简单的文字，其中包括世界三大古老文字：中国的甲骨文、两河流域的楔形文字以及古埃及的象形文字。三大古老文字成为如今世界文字的发展源头。可以说，文字的出现为日后平面设计的发展奠定了最原始的基础。

时至今日，人类的文字在不断演化中发展，而具有悠久历史的中国创造了中华浩瀚的汉字王国。汉字承载着中国悠久的文化和历史，同时由于它的图案特征和象形因素，越来越多地被设计师运用到现代设计之中——这是一种多元化的艺术形式，能给予设计师很多创作灵感。

优秀的字体设计离不开设计师对文字的了解和对文字结构的熟悉。以汉字为基础的中国

文字从本质意义上说，是一种表意文字。中国文字是自然人文的象征符号，而它的书写过程则极度自由，因此，书法作为一种书写文化，成为东方美学的结晶。它的比例、节奏、韵律，它所表现出来的含蓄、典雅、悠扬等，凝聚着东方人对美学的深刻认识和对艺术原则的真切把握。

字体设计的好坏直接影响人们的视觉感受和情绪。企业通常有自己的标准字，有的浑厚，有的灵巧，有的夸张。字体的特点反映了企业的特点，企业的特点决定着设计环境，影响着设计师的字体设计。

➤ 技能分析

单击工具箱中的"多边形工具"按钮，在画布中单击并拖动鼠标即可按照预设的选项绘制多边形和星形。"多边形工具"的选项栏如图 3-2 所示。单击选项栏上的"几何选项"按钮，会弹出"多边形选项"对话框，如图 3-3 所示。

图 3-2 "多边形工具"的选项栏

图 3-3 "多边形选项"对话框

在"多边形选项"对话框中可以对所需绘制的多边形或星形的相关选项进行设置。多边形相关设置选项介绍如下：

· 边：该选项用来设置所绘制的多边形或星形的边数，它的范围为 3～100。例如，设置"边"为 3 时，在画布中拖动鼠标将绘制出三角形。

· 半径：该选项用来设置所绘制的多边形或星形的"半径"，即图形中心到主要顶点的距离。设置该值后，在画布中单击并拖动鼠标即可按照指定的"半径"值绘制多边形或星形。

· 平滑拐角：选中该复选框，绘制的多边形和星形将具有平滑的拐角。

· 星形：选中该复选框后，可以绘制出星形。该选项中的"缩进边依据"用来设置星形边缩进的百分比，该值越大，边缩进越明显。选中"平滑缩进"复选框可以使所绘制的星形的边平滑地向中心缩进。

➤ 项目实施

在本项目实例的制作过程中，首先拖入素材图像，输入文字并为文字创建轮廓，对文字进行扭曲操作，复制多个文字图层并将复制得到的文字图形合并；然后分别为各部分文字选区填充图像；最后绘制高光和其他图像效果，完成所需的立体文字效果制作。

3.1.1 制作步骤

(1)执行"文件→新建"命令，弹出"新建"对话框，设置如图 3-4 所示，单击"确定"按钮，新建文档。执行"文件→打开"命令，打开素材图像"01.jpg"，如图 3-5 所示。

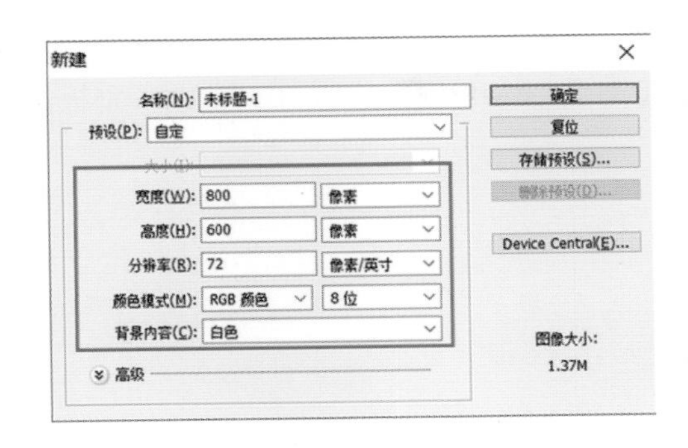

图 3-4 “新建”对话框设置

图 3-5 打开素材

(2)切换到新建的文档中，打开“图层”面板，设置前景色为“RGB:0,0,0”，按快捷键“Alt＋Delete”，为“背景”图层填充前景色，并将前面打开的素材图像复制到该文档中，效果如图 3-6 所示。将素材所在的图层重命名为“素材”，“图层”面板如图 3-7 所示。

(3)将“素材”图层隐藏，使用“横排文字工具”，打开“字符”面板，设置如图 3-8 所示，在画布中单击，输入文字，效果如图 3-9 所示。

图 3-6 图像效果

图 3-7 “图层”面板

图 3-8 “字符”面板设置

(4)在“图层”面板上右键单击文字图层，在弹出菜单中选择“栅格化文字”选项，“图层”面板如图 3-10 所示。执行“编辑→变换→扭曲”命令，拖动鼠标，调整和扭曲文字，按 Enter 键，确定变换，效果如图 3-11 所示。

图 3-9 输入文字

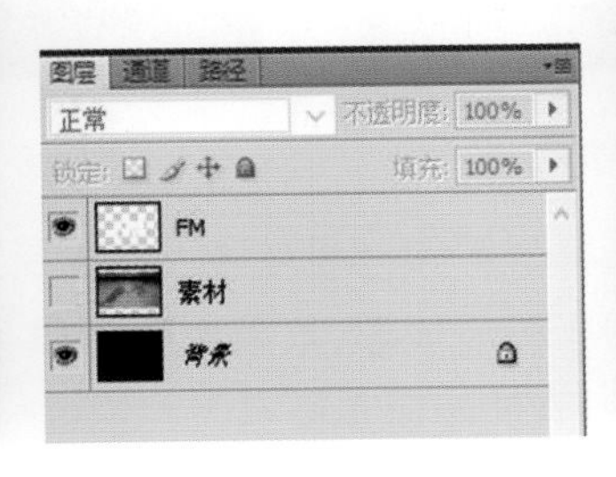

图 3-10 “图层”面板

图 3-11 图像效果

按快捷键“Ctrl＋T”，显示自由变换框，将光标放在自由变换框四周的控制点上，按住 Ctrl 键，单击并拖动鼠标同样可以对图像进行扭曲操作。

(5)选择文字图层，按“Ctrl＋Alt＋下方向键(或上方向键)”，移动并复制图层，重复该操

作，效果如图 3-12 所示。在“图层”面板上同时选择“FM 副本”到“FM 副本 15”之间的全部图层，按快捷键“Ctrl + E”合并图层，并将合并的图层拖动到“FM”图层的下面，“图层”面板如图 3-13 所示。

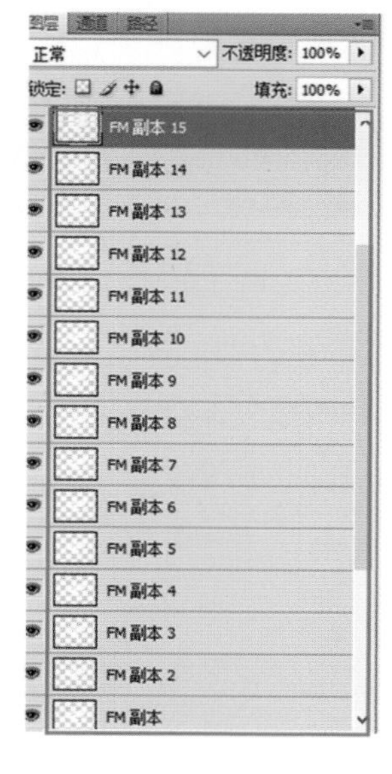

图 3-12　复制图层

图 3-13　“图层”面板

(6)显示“素材”图层，并执行“编辑→变换→垂直翻转”命令，翻转图像，使用“移动工具”，将素材图像移至合适的位置，效果如图 3-14 所示。调整好位置后，按住 Ctrl 键单击“FM”图层缩览图，载入“FM”图层选区，如图 3-15 所示。

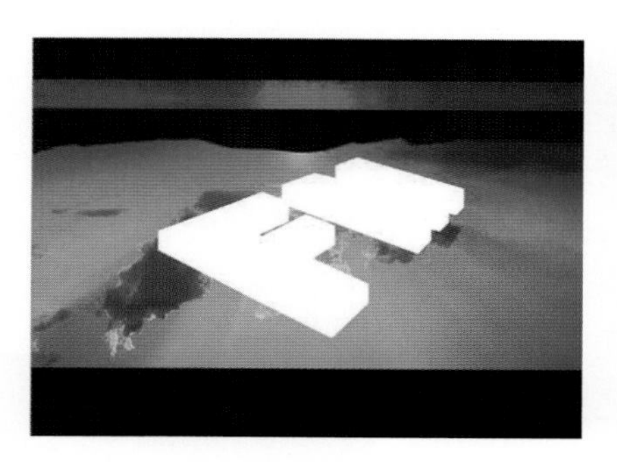

图 3-14　图像效果

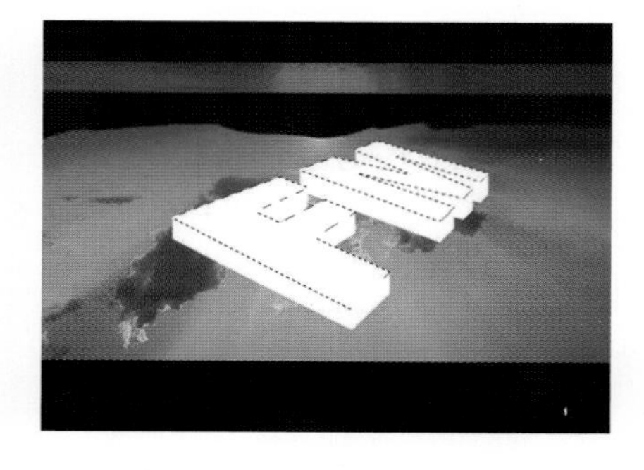

图 3-15　载入选区

(7)选中“素材”图层，执行“图层→新建→通过拷贝的图层”命令，并将拷贝出来的图层重命名为“顶面”，拖动该图层到所有图层的最顶部，效果如图 3-16 所示，“图层”面板如图 3-17 所示。

(8)复制“素材”图层，将复制得到的图层重命名为“旋转素材”，执行“编辑→变换→旋转 90 度(顺时针)”命令，旋转图像，按快捷键“Ctrl + T”对图像进行调整，效果如图 3-18 所示，“图层”面板如图 3-19 所示。

(9)按住 Ctrl 键单击“FM 副本 15”图层缩览图，调出该图层的选区，选中“旋转素材”图层，执行“图层→新建→通过拷贝的图层”命令，并将拷贝出来的图层重命名为“侧面”，拖动该图层到“顶面”图层的下面，效果如图 3-20 所示，“图层”面板如图 3-21 所示。

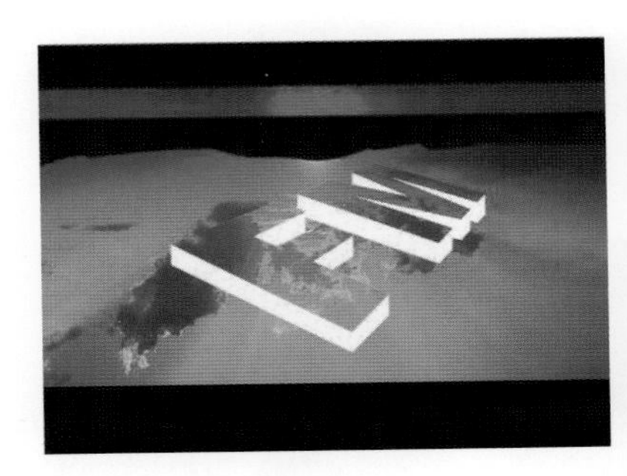

图 3-16　设置“顶面”图层效果

图 3-17　“图层”面板

图 3-18　图像效果

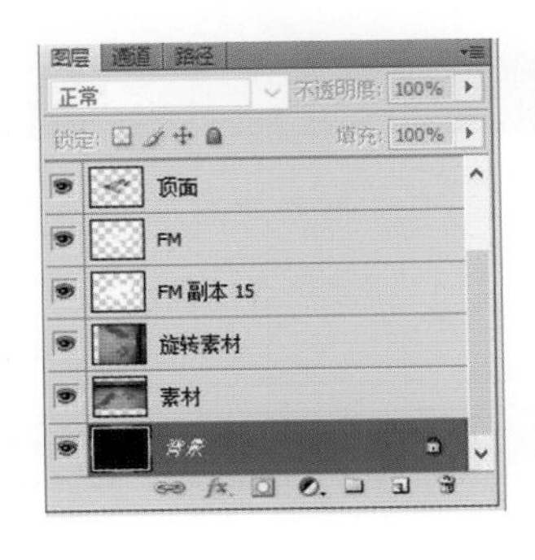

图 3-19　“图层”面板

图 3-20　图像效果

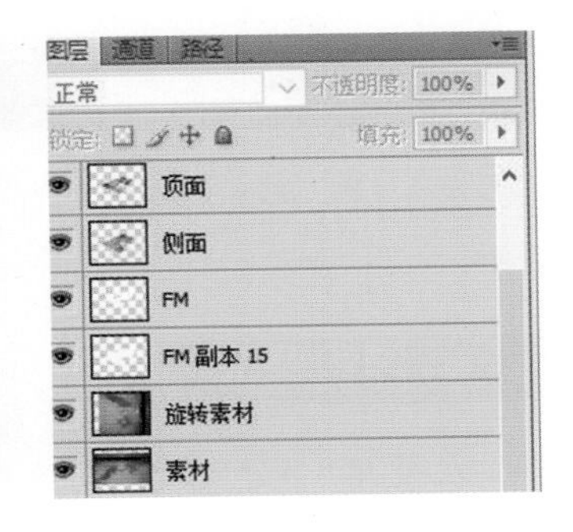

图 3-21　“图层”面板

● 经验提示

执行“图层→新建→通过拷贝的图层”命令，可以复制选区中的图像，并将复制的图像放置到一个新的图层中。也可以按快捷键“Ctrl＋J”实现。

(10)复制“侧面”图层，将复制得到的图层重命名为“反光”，按“Ctrl＋Shift”键，同时按住下方向键，调整图像位置，并设置该图层的“不透明度”为35%，“图层”面板如图3-22所示。将“素材”图层和“旋转素材”图层隐藏，效果如图3-23所示。

(11)按住Ctrl键，单击“顶面”图层缩览图，调出该图层的选区，新建图层并重命名为“高光”。选中“渐变工具”，在选项栏上单击渐变预览条，弹出“渐变编辑器”对话框，设置如图3-24所示。单击“确定”按钮，在选区中拖动，应用渐变填充，效果如图3-25所示。

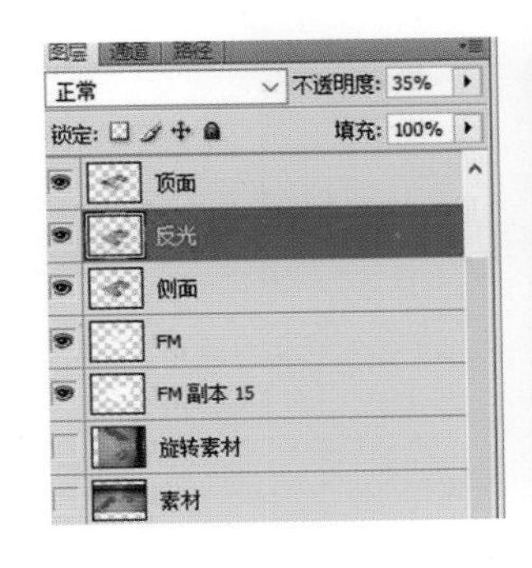

图 3-22　“图层”面板

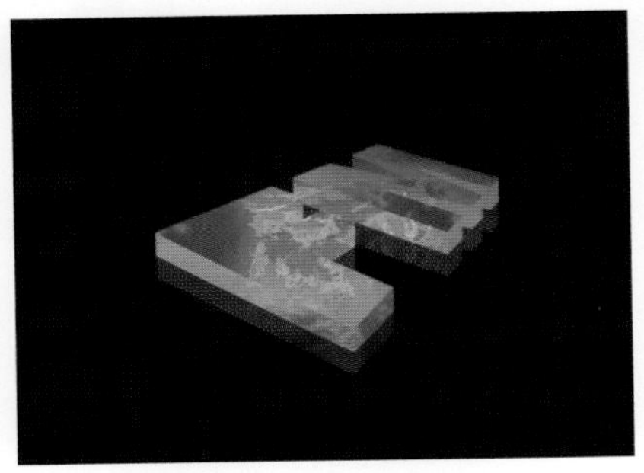

图 3-23　图像效果

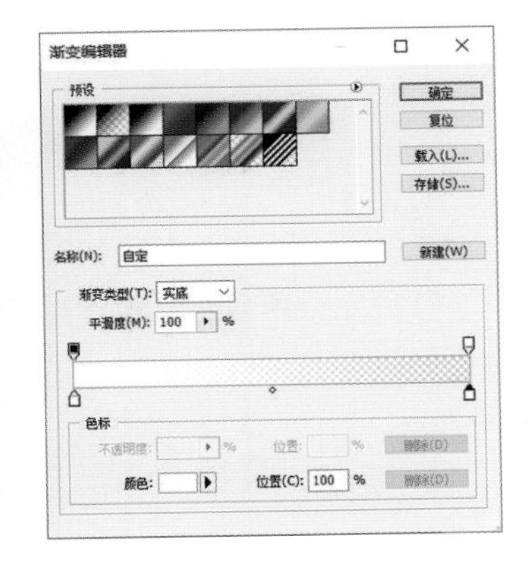

图 3-24　设置“渐变编辑器”对话框

(12)按快捷键“Ctrl＋D”,取消选区。新建图层,并重命名为“星星”。选中“多边形工具”,在选项栏中进行设置,如图 3-26 所示。设置前景色为“RGB:255,255,255”,在画布中绘制图像,并设置该图层的“不透明度”为 80%。效果如图 3-27 所示。

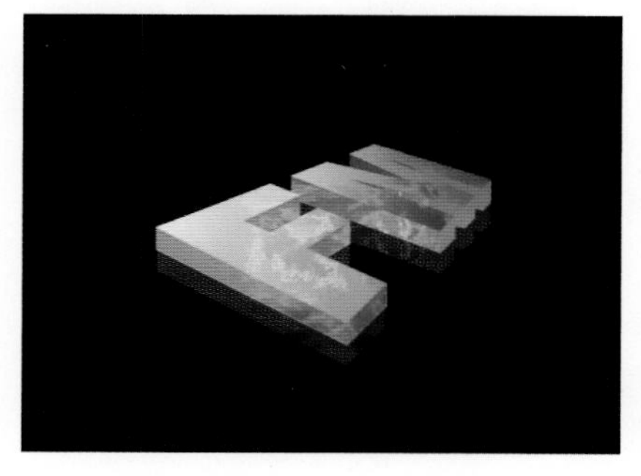

图 3-25 应用渐变填充效果

图 3-26 设置“多边形选项”

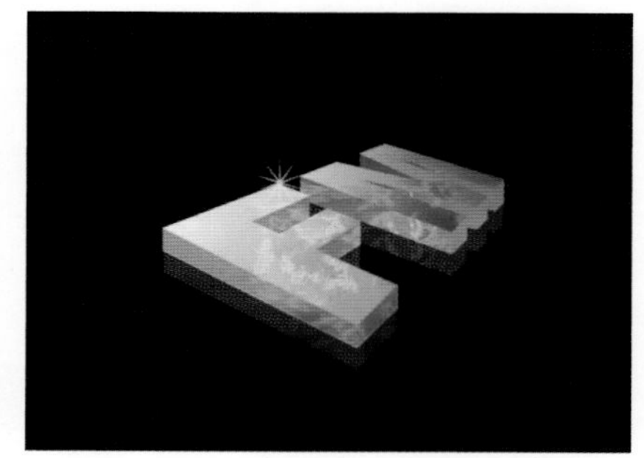

图 3-27 图像效果

经验提示

在使用“多边形工具”绘制多边形或星形时,只有在“多边形选项”对话框中选中“星形”复选框,才可以对“缩进边依据”和“平滑缩进”选项进行设置。默认情况下,“星形”复选框没有选中。

(13)执行“文件→打开”命令,打开素材图像“02.jpg”,如图 3-28 所示。将该素材图像拖入设计文档中,将该素材图像图层重命名为“背景”,并调整该图层到合适的位置,“图层”面板如图 3-29 所示。

图 3-28 打开素材

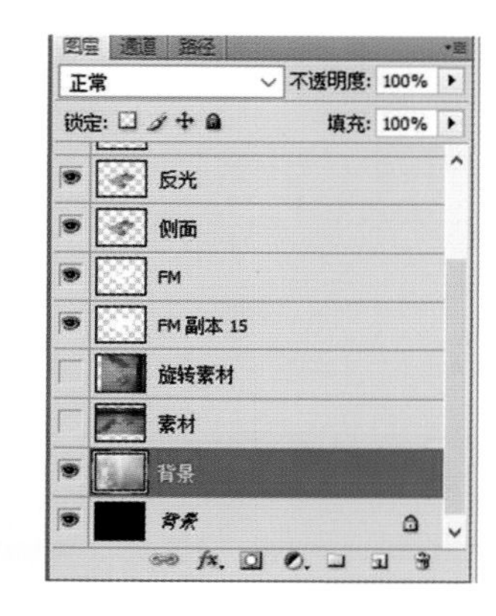

图 3-29 “图层”面板

(14)完成所需的立体文字效果的制作,最终效果如图 3-30 所示。执行“文件→存储”命令,将文档保存为“3-1.psd”。

3.1.2 项目小结

完成该项目实例的制作,读者需要掌握实现文字立体效果和水晶质感的方法,并且掌握制作该文字特效的步骤。除了本实例中介绍的实现文字立体效果和水晶质感的方法,还有其他一些方法,有兴趣的读者可以查看相关资料。

图 3-30　最终效果

3.2　知识准备——火焰文字特效设计

➢ 项目背景

文字是向外界传达含义较明确的形式，在设计中合理地应用文字特效能够为设计作品起画龙点睛的作用。本项目实例将带领读者完成一个火焰文字特效的制作，通过特效文字的应用，可以突出表达主题。

➢ 项目任务

完成火焰文字特效的设计制作。

➢ 项目分析

火焰文字效果在商业设计中的应用并不是很多，但是在一些特定的商业案例中使用，往往能够起到画龙点睛的作用。本项目实例就向读者介绍火焰文字特效的制作方法。

➢ 设计构思

在本实例的制作过程中，主要将“分层云彩”滤镜与“色阶”和“曲线”调整相结合，制作出火焰文字的效果。本实例的最终效果如图 3-31 所示。

图 3-31　最终效果

➢ 设计师提示

基本字体是在承袭汉字书写发展史中各种字体风格的基础上，经过统一整理、修改、装饰而成的字体，实用而美观，因多被应用于印刷之中，又称为印刷字体。按照基本笔画和标准笔形的差异，汉字印刷字体分为宋体、黑体、楷体、仿宋体等基本类型。

基本笔画指汉字结构组成的基本元素，如点、横、竖、撇、捺、挑、钩，以及由它们组成的不可

再分的折、拐等综合性笔画。

标准笔形是字体设计的基础，利用它可统一安排基本笔画的粗细、形式，直接影响到字体的风格。

1. 基本字体

宋体历史悠久，应用最为广泛。Photoshop 字体设计中的宋体是从古代印刷体中汲取精粹演变发展而来的，可分为标宋、中宋、书宋、细宋等。

2. 字体特征元素

字体的表现力由字体的特征元素的特性决定，下面为与字体关系密切的几种特征元素。

(1)字号。

计算字体面积的大小有号数制、级数制和点(也称为磅)数制。一般常用的是号数制，将字体大小简称为“字号”。设置字号时要注意，字越小，精密度越高，整体性越强，但过小会影响阅读。

(2)行距。

行距的宽窄是新手设计师比较难把握的问题。行距过窄，上下文字相互干扰，目光难以沿字行扫视；而行距过宽，太多的宽白使字行不能有较好的延续性。这两种极端的排列法，都会使阅读长篇文字者感到疲劳。

(3)字重。

同一种类型的字体也会有不同的外在表现形式，有些字体显得黑、重，有些字体显得浅而单薄，而有些字体则比较正常，在轻重方面处于平均值。字重影响字体的显示方式。

(4)字体宽度。

同一字体可以有不同的宽度，也就是在水平方向上占用的实际空间可以不同。

· 紧缩：也称为压缩，这种紧缩格式字体的宽度要比 Roman 格式的小。

· 加宽：也有人把这一宽度特征称为扩展。这种格式与紧缩格式正好相反，它在水平方向上占用的空间要比 Roman 格式大。

(5)字形。

字形是指字体站立的角度。这里有三种不同的字形。

· 正常体(regular)：这是人们最熟悉的一种字形，常不加任何修饰，一般用于正文。

· 斜体(italic)：它与粗体字一样，用于页面中需要强调的文本。斜体是从手写体发展而来的，类似于向右倾斜的书法体效果。

· 下画线体(underline)：它和斜体的作用类似，用于正文中需要强调的文本，在 Word 文档中更多的时候用于有链接的文字。

(6)字体和比例。

在处理字体时，一种字体的字号与另一种字体及页面上其他元素之间的大小的比例关系是非常重要的，需要认真对待。

(7)方向。

字体显示方向有向上、向下、向左、向右。字体显示方向对字体使用效果将会产生很大影响。

3. 字体的图形表述

注重文字的编排和文字的创意，是体现视觉传达设计的现代感的一种方法。设计师不仅应该在有限的文字空间和文字结构中进行创意编排，而且应该赋予编排形式更深的内涵，提高平面广告的趣味性与可读性，突出平面广告的主题内容。

(1)字义图形表述。

字义图形是将文字意象化，以简洁、直观的图形传达文字更深层的含义。

(2)字画编排表述。

人类最初表达思维的符号是图画及进一步的象形文字。虽然象形文字只是一种形态性的记号，目前已不再使用，但在现代编排设计中却把记号性的文字作为构成元素来表现，即使用字画图形。

使用字画图形包括由字构成图形和把图形加入文字两种形式。前者强调形与功能，具有商业性；后者注重形式、趣味，不特定表述某种含义，而侧重给观者一些创作的灵感和启示。

➤ 技能分析

在一个复杂的图像文件中，通常都有数量众多的图层。想要在众多的图层中找到需要的图层，将会是很麻烦的事情。Photoshop 提出了图层组概念，使用图层组来组织和管理图层可以使“图层”面板中的图层结构更加清晰，便于查找需要的图层，节省大量的时间。

要创建一个图层组，只需在“图层”面板底部单击“创建新组”按钮，就可在当前图层上方建立一个图层组。也可以执行“图层→新建→组”命令，弹出“新建组”对话框，如图 3-32 所示，输入图层组名称及其他选项，单击“确定”按钮，即可创建图层组。

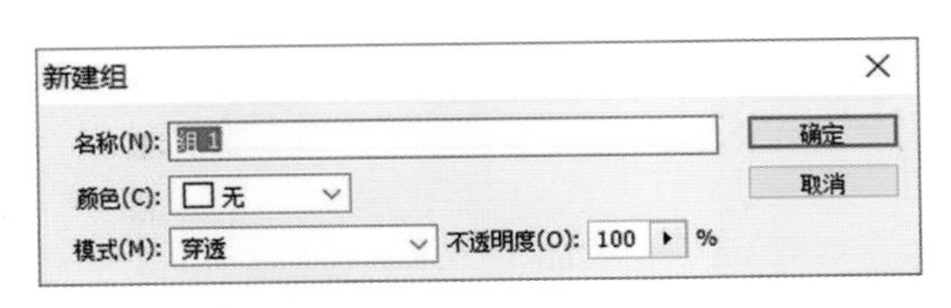

图 3-32 “新建组”对话框

➤ 项目实施

在本项目实例的制作过程中，首先使用文字工具在画布中输入文字，然后使用“云彩”和“分层云彩”滤镜制作出背景效果，接着通过“色阶”和“曲线”调整图层，调整文字效果，设置不同的图层混合模式和不透明度，最终完成火焰文字特效的制作。

3.2.1 制作步骤

(1)执行“文件→新建”命令，弹出“新建”对话框，设置如图 3-33 所示，单击“确定”按钮，新建文档。打开“图层”面板，新建“图层 1”，设置前景色为“RGB:255,255,255”，按快捷键“Alt+Delete”，为“图层 1”填充前景色，如图 3-34 所示。

(2)使用“横排文字工具”，设置合适的字体和字体大小，在画布中单击并输入文字，如图 3-35 所示。按快捷键“Ctrl+E”，向下合并图层，并将该图层隐藏，如图 3-36 所示。

(3)选择“背景”图层，单击“创建新组”按钮，新建“组 1”。选择刚刚新建的组，在该组中

新建图层，并将新建的图层重命名为“云彩”，如图3-37所示。选择该图层，按快捷键D，恢复默认前景色和背景色，执行“滤镜→渲染→云彩”命令，效果如图3-38所示。

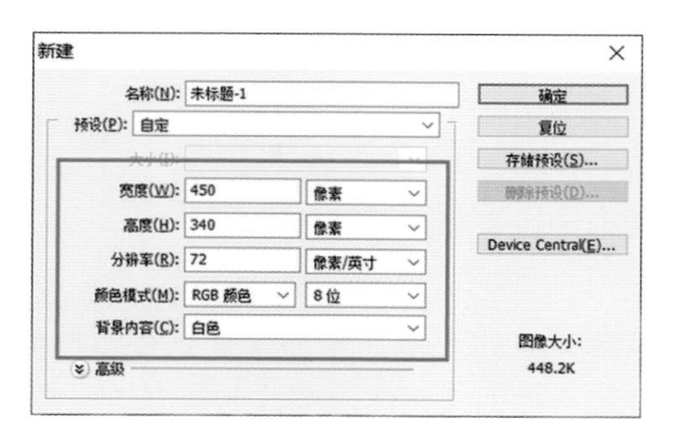

图3-33 设置“新建”对话框

图3-34 “图层”面板

图3-35 输入文字

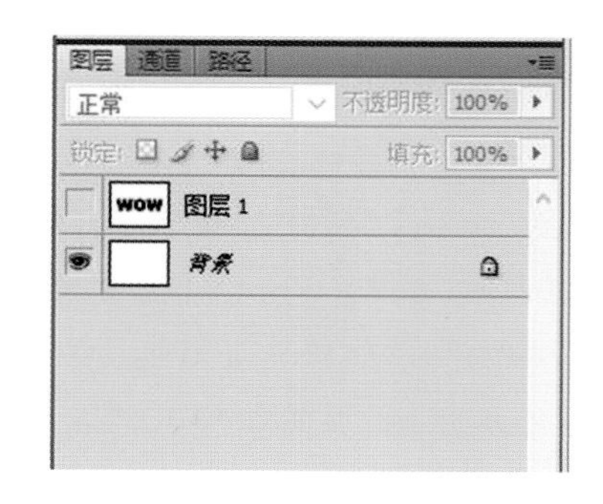

图3-36 合并并隐藏图层

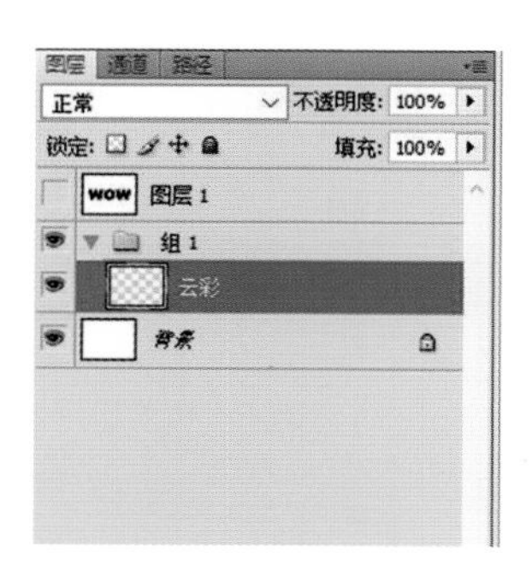

图3-37 “图层”面板

图3-38 “云彩”滤镜效果

● 经验提示

还可以通过执行“图层→新建→组”命令，新建图层组。如果需要对图层组的相关选项进行设置，可以按住Alt键单击“图层”面板上的“创建新组”按钮，弹出“新建组”对话框，在该对话框中对相关选项进行设置。

(4)执行“滤镜→渲染→分层云彩”命令，应用“分层云彩”滤镜，按快捷键“Ctrl+F”，重复使用该滤镜，直到获得满意的效果为止，效果如图3-39所示。复制“图层1”得到“图层1副本”图层，将该图层拖到“组1”图层组中，显示该图层，如图3-40所示。

(5)执行“滤镜→模糊→高斯模糊”命令，弹出“高斯模糊”对话框，设置如图3-41所示，单击“确定”按钮，应用“高斯模糊”滤镜，效果如图3-42所示。

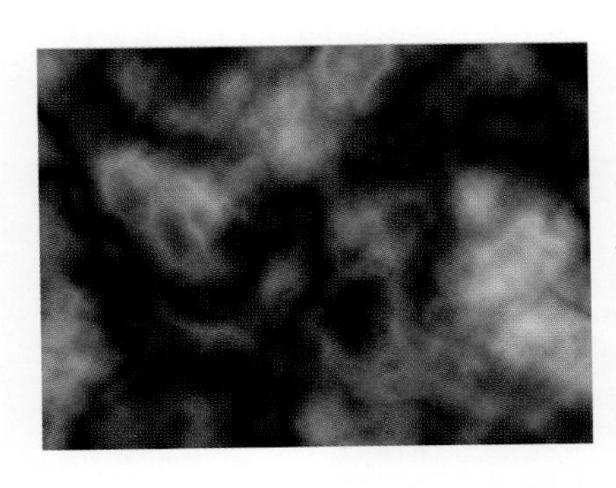

图 3-39　多次使用“分层云彩”滤镜

图 3-40　“图层”面板

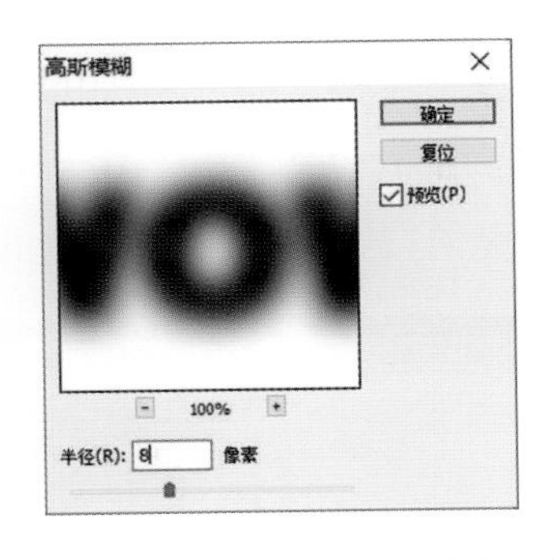

图 3-41　设置“高斯模糊”对话框

图 3-42　图像效果

经验提示

这一步是比较关键的一步，它将影响到最终效果的表现。通过调节图层的不透明度可实现不同的效果。图层不透明度越低(即透明效果越明显)，文本(或图案)将呈现出越不规则的扭曲效果。相反，图层不透明度越高，文本(或图案)则将越规则，越容易识别，但同时扭曲效果也会打折扣。所以，我们需要在两者之间选择一个平衡点。

(6)选择“图层 1 副本”图层，设置“不透明度”为 60%，效果如图 3-43 所示。选择“图层 1 副本”图层，执行“图层→新建调整图层→色阶”命令，在打开的“调整”面板中对色阶的相关选项进行设置，如图 3-44 所示。完成色阶的调整，图像效果如图 3-45 所示。

(7)执行“图层→新建调整图层→曲线”命令，在打开的“调整”面板中对曲线的相关选项进行设置，如图 3-46 所示。

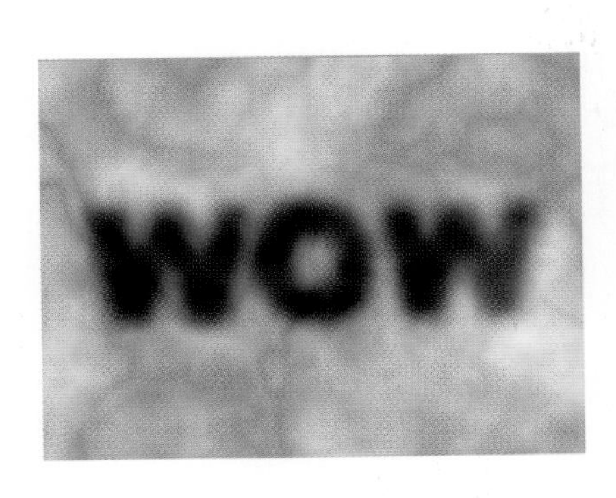

图 3-43　调整不透明度后的效果

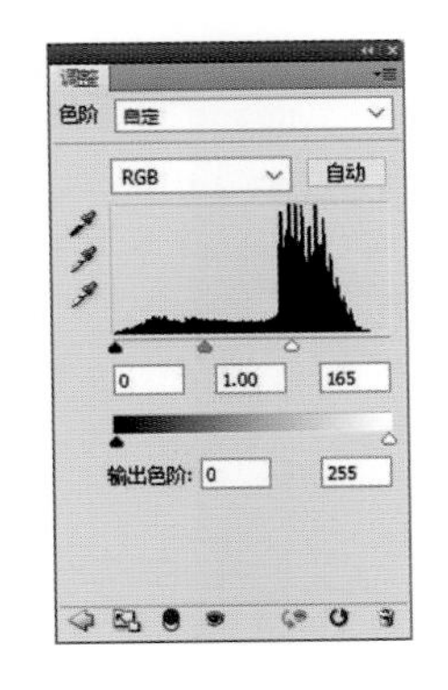

图 3-44　设置“色阶”选项

图 3-45　图像效果

完成曲线的调整,图像效果如图 3-47 所示,“图层”面板如图 3-48 所示。

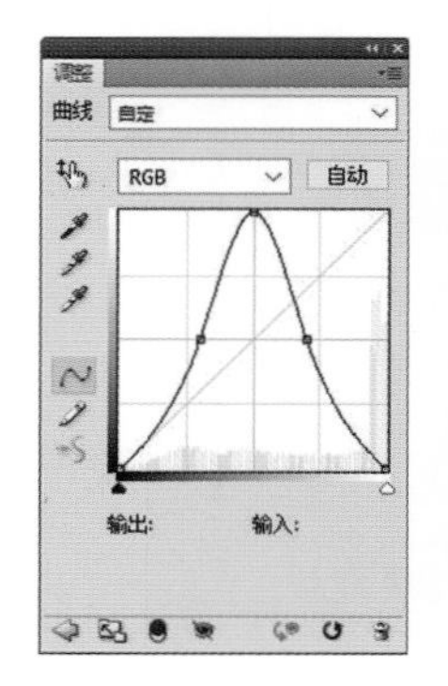

图 3-46　设置“曲线”选项

图 3-47　图像效果

图 3-48　“图层”面板

(8)执行“图层→新建调整图层→色阶”命令,在打开的“调整”面板中,对“红”“绿”“蓝”“RGB”通道色阶分别进行调整,如图 3-49 所示。完成“色阶”的调整,图像效果如图 3-50 所示。

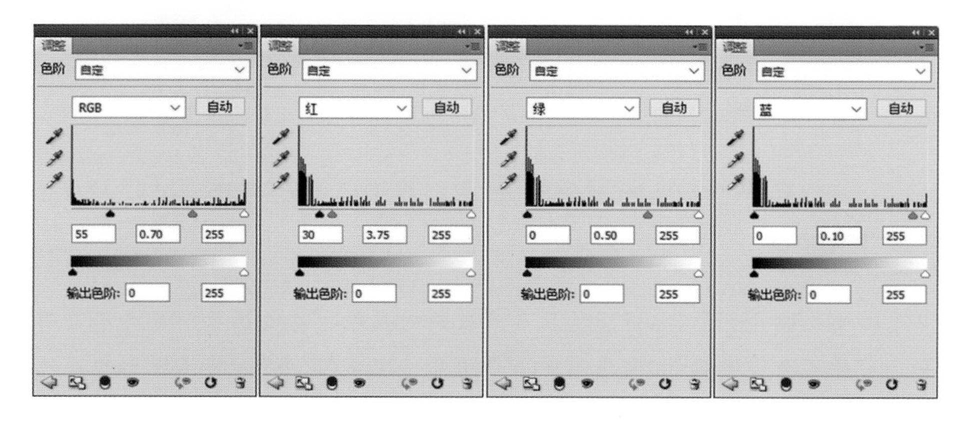

图 3-49　分别设置各通道中色阶选项

经验提示

上色的方法有很多,可使用“色阶”“色相/饱和度”“通道混合器”等调整功能,甚至是“照片滤镜”功能。这里我们选用“色阶”功能,以获得更好的效果。

(9)复制“组 1”图层组得到“组 1 副本”图层组,并将其重命名为“组 2”,设置该图层组的混合模式为“滤色”,如图 3-51 所示。

图 3-50　图像效果

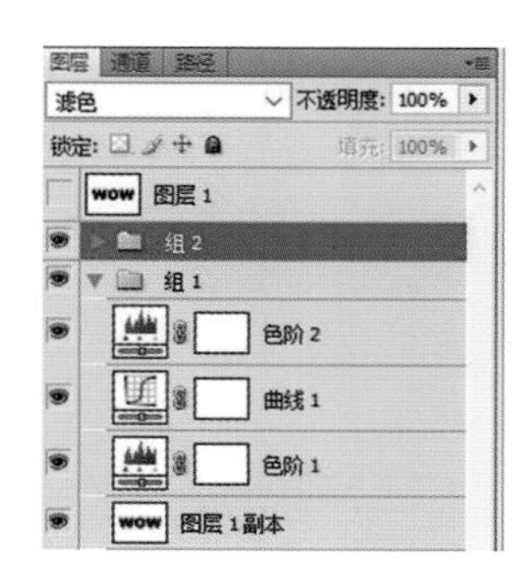

图 3-51　“图层”面板

(10)展开“组 2”图层组，如图 3-52 所示，选择该组下的“云彩副本”图层。执行“滤镜→渲染→分层云彩”命令，按快捷键“Ctrl＋F”，重复使用该滤镜，效果如图 3-53 所示。

(11)再复制一次“组 1”，将复制得到的图层组重命名为“组 3”，同样将图层组的混合模式设置为“滤色”，如图 3-54 所示。选择该图层组下的“图层 1 副本 3”图层，执行“滤镜→模糊→高斯模糊”命令，弹出“高斯模糊”对话框，设置如图 3-55 所示。

图 3-52　展开图层组

图 3-53　图像效果

图 3-54　“图层”面板

(12)单击“确定”按钮，完成“高斯模糊”对话框的设置。完成火焰文字特效的制作，最终效果如图 3-56 所示。执行“文件→存储”命令，将文档保存为“3-2. psd”。

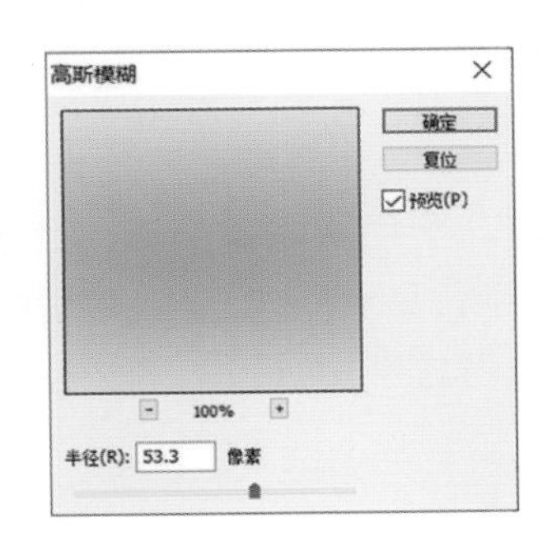

图 3-55　设置“高斯模糊”对话框

图 3-56　完成效果

3.2.2　项目小结

完成本项目实例的制作，读者需要掌握 Photoshop 中图层组的使用方法，并且能够通过学习本实例制作文字效果的方法制作出其他类型的火焰字特效。

3.3　知识准备——粗糙质感文字设计

➢项目背景

利用铜的颜色、质地可以设计出粗糙质感的文字效果。

项目任务

完成粗糙质感文字效果的制作。

项目分析

通过使用 Photoshop 中的图层样式，可以制作出许多特殊的效果。本实例所制作的粗糙质感文字效果就可以通过使用图层样式制作出来。

设计构思

在本实例的制作过程中，首先对背景素材进行处理，为文字添加多种图层样式，再为文字添加光束的效果，使其看上去更加真实、更具有立体感。本实例的最终效果如图 3-57 所示。

图 3-57　最终效果

设计师提示

文字是文化的重要传播媒介，字体设计应该遵循思想性、实用性、艺术性并重的原则。

1. 思想性

字体设计必须从文字的内容和应用方式出发，确切而生动地体现文字的精神内涵，用直观的形式突出宣传的目的和意义。

2. 实用性

文字的实用性首先指易识别。文字的结构是人们经过几千年实践才创造、流传、改进并认定的，不可随意更改。进行字体设计，必须使字形与结构清晰，易于正确识别。其次，字体设计的实用性还体现在，采用众多文字结合的形式时，设计师应考虑字距、行距、周边空白的妥当处理，做到一目了然、准确传达文字具有的特定信息。

3. 艺术性

现代设计中，文字因受其历史、文化背景的影响，可作为特定情境的象征。因此，在具体设计中，字体可以成为单纯的审美因素，发挥着和纹样、图片一样的装饰功能。在兼顾实用性的同时，可以按照对称、均衡、对比、韵律等形式美法则调整字体设计中的字形大小、笔画粗细，甚至字体结构，充分发挥设计者独特的个性，表现其对设计作品的理解。图 3-58 所示为字体设计在平面广告中的应用。

图 3-58　字体设计在平面广告中的应用

技能分析

图层样式是 Photoshop 最具吸引力的功能之一,它可以为图像添加阴影、发光、斜面、叠加和描边等效果,从而创建具有真实质感的金属、塑料、玻璃和岩石效果。图层样式具有非常强的灵活性,可以随时对其进行修改、隐藏或删除。

如何打开"图层样式"对话框呢?方法并不是唯一的,下面为几种打开"图层样式"对话框的方法:

(1)选择"图层→图层样式",再选择子菜单中的样式命令,如图 3-59 所示,可打开"图层样式"对话框,并进入相应效果的设置面板。

(2)在"图层"面板中单击"添加图层样式"按钮,在弹出菜单(见图 3-60)中选择任意一种样式,也可以打开"图层样式"对话框,并进入相应效果的设置面板。

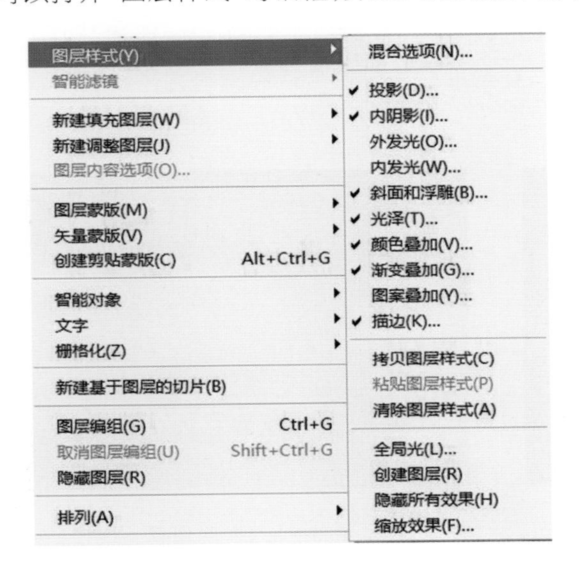

图 3-59 "图层样式"子菜单

图 3-60 "添加图层样式"弹出菜单

(3)双击需要添加样式的图层,可以打开"图层样式"对话框。

● 经验提示

"背景"图层不能添加图层样式,如果要为其添加图层样式,需要先将"背景"图层转换为普通图层。

项目实施

在本实例的制作过程中首先对背景进行处理,使用画笔绘制,调整其图层混合模式,绘制羽化选区,使用"波浪"滤镜,然后绘制对称渐变并使用"曲线"命令进行调整,制作出背景斑驳的效果。文字的特效制作大部分利用图层样式的混合使用、图层的叠加以及图层混合模式的调整,制作的过程中将多种技巧结合使用,使文字和背景浑然一体。

3.3.1 制作步骤

(1)执行"文件→打开"命令,打开素材图像"03. tif",如图 3-61 所示。执行"图像→调整→色阶"命令,弹出"色阶"对话框,设置如图 3-62 所示。

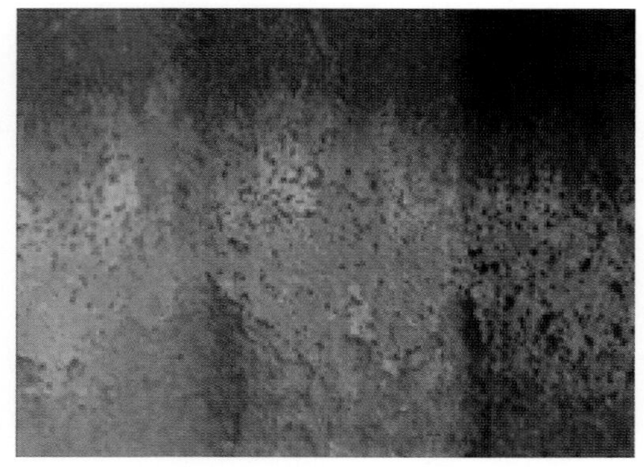

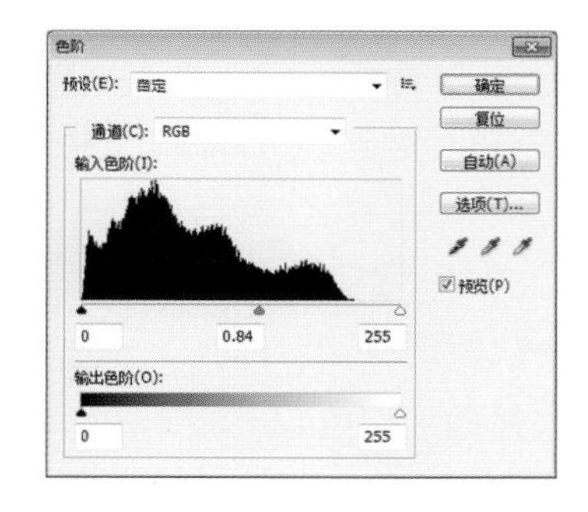

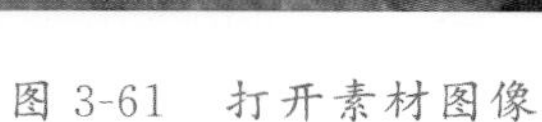

图 3-61 打开素材图像　　　图 3-62 “色阶”对话框设置

(2)单击“确定”按钮,完成“色阶”对话框的设置,效果如图 3-63 所示。新建“图层 1”,使用“画笔工具”,设置前景色为“RGB:26,52,4”,在选项栏中设置合适的画笔直径和硬度,在画布中任意绘制,如图 3-64 所示。

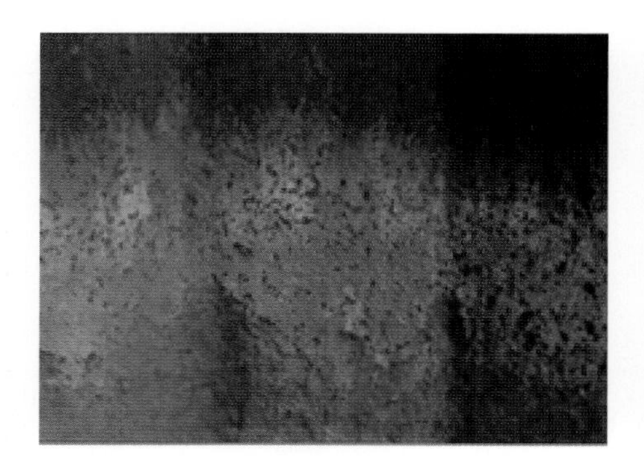

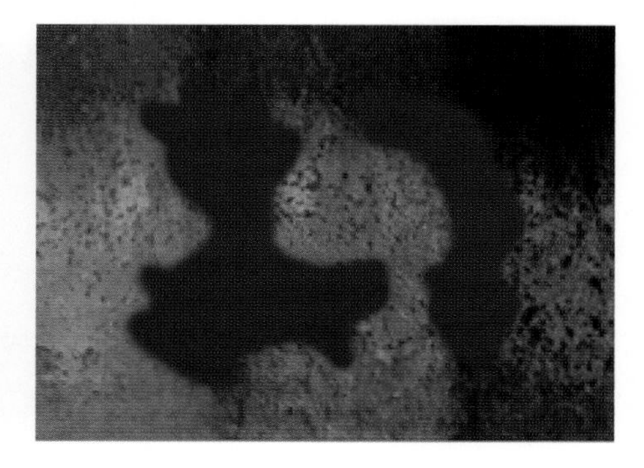

图 3-63 图像效果　　　图 3-64 绘制图像

(3)在“图层”面板中设置“图层 1”的混合模式为“颜色减淡”,如图 3-65 所示,图像效果如图 3-66 所示。

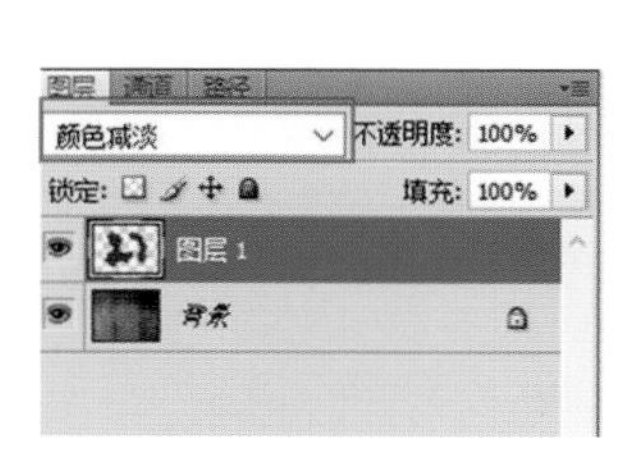

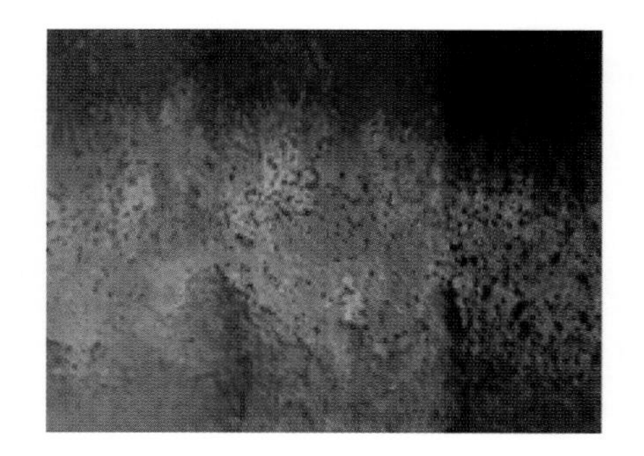

图 3-65 “图层”面板　　　图 3-66 图像效果

(4)新建“图层 2”,使用“矩形选框工具”,在选项栏中设置“羽化”值为 50 px,在画布中绘制选区,如图 3-67 所示。按快捷键“Ctrl+Shift+I”对选区进行反选,将前景色设置为黑色,为选区填充前景色,如图 3-68 所示。

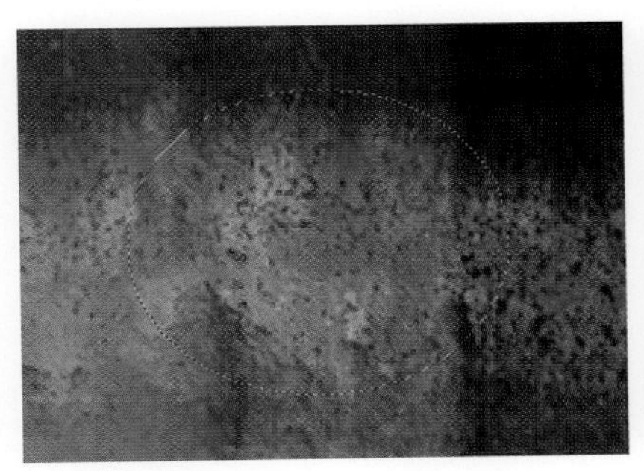

图 3-67 绘制选区　　　　图 3-68 图像效果

(5)保持“图层 2”的选中状态，执行“滤镜→扭曲→波浪”命令，弹出“波浪”对话框，设置如图 3-69 所示。单击“确定”按钮，完成“波浪”对话框的设置，效果如图 3-70 所示。

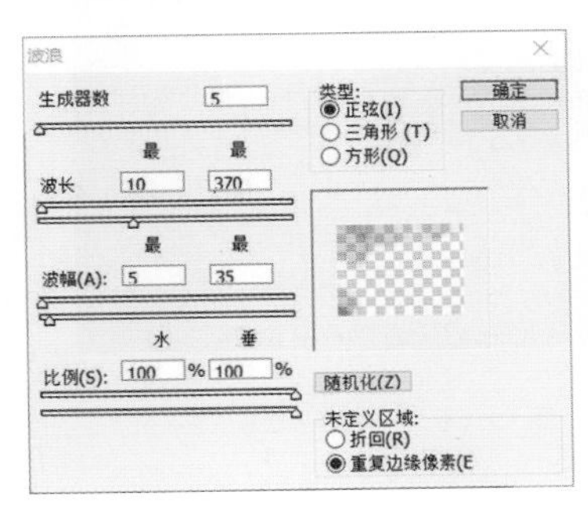

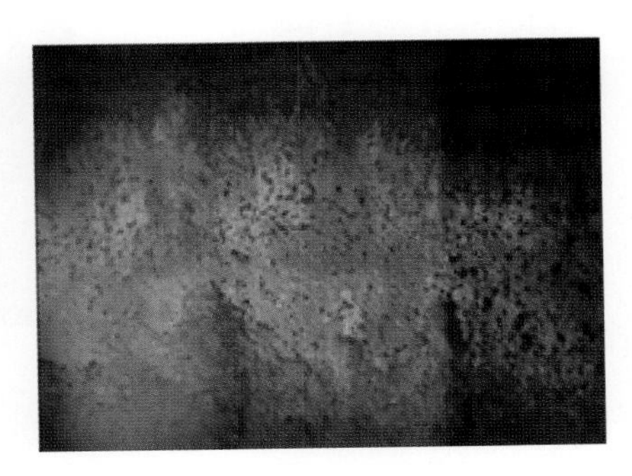

图 3-69 设置“波浪”对话框　　　　图 3-70 图像效果

(6)新建“图层 3”，使用“渐变工具”，在选项栏中单击“对称渐变”按钮，在画布中拖动填充由白到黑的对称渐变，效果如图 3-71 所示。执行“图像→调整→曲线”命令，弹出“曲线”对话框，设置如图 3-72 所示。

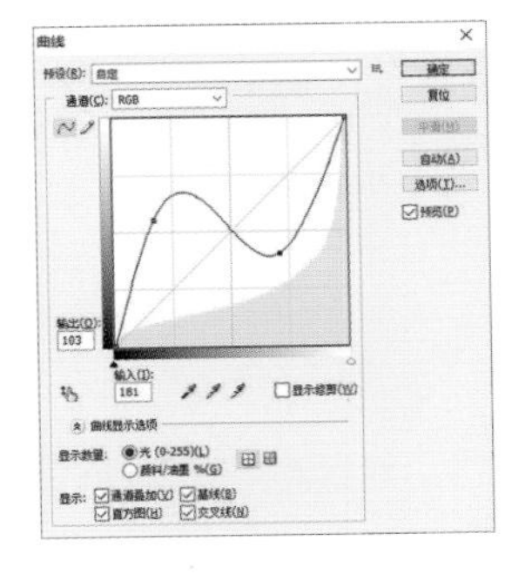

图 3-71 填充对称渐变　　　　图 3-72 “曲线”对话框设置

(7)单击“确定”按钮，完成“曲线”对话框设置。在“图层”面板中设置“图层 3”的混合模式为“叠加”，效果如图 3-73 所示，“图层”面板如图 3-74 所示。

(8)使用“横排文字工具”，打开“字符”面板，设置如图 3-75 所示。在画布中输入文字，效果如图 3-76 所示。

(9)选择文字图层，单击“图层”面板上“添加图层样式”按钮，在弹出菜单中选择“投影”选项，弹出“图层样式”对话框，设置如图 3-77 所示，“投影”样式效果如图 3-78 所示。

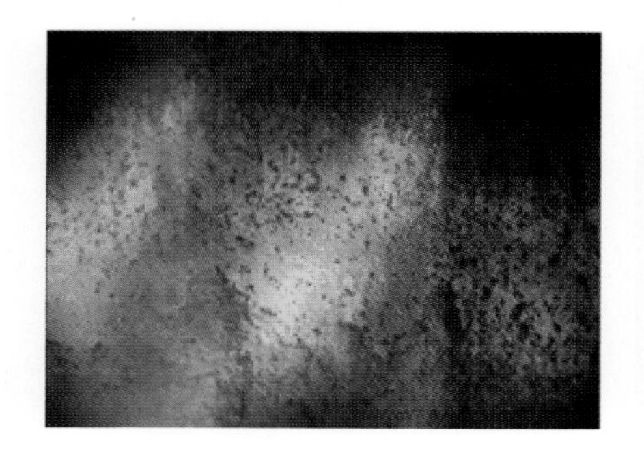

图 3-73　图像效果

图 3-74　“图层”面板

图 3-75　“字符”面板设置

图 3-76　文字效果

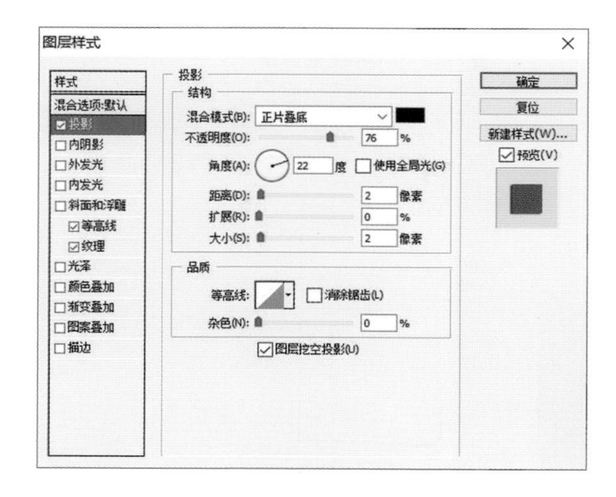

图 3-77　设置“投影”选项

图 3-78　“投影”样式效果

(10)选中“图层样式”对话框左侧的“内阴影”选项,设置如图 3-79 所示,“内阴影”样式效果如图 3-80 所示。

● 经验提示

在为图层添加“投影”和“内阴影”样式时,“图层样式”对话框中的阴影颜色、混合模式、不透明度、角度和距离的设置是否合理、适当,将对产生的图像效果起决定性的作用。

(11)选中“图层样式”对话框左侧的“斜面和浮雕”选项,设置如图 3-81 所示,“斜面和浮雕”样式效果如图 3-82 所示。

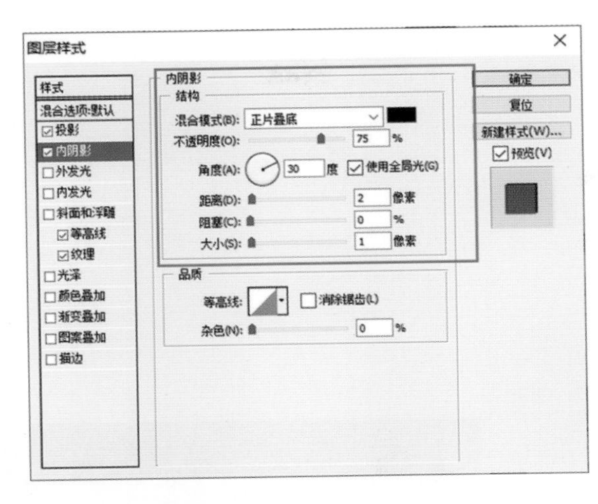

图 3-79　设置“内阴影”选项

图 3-80　“内阴影”样式效果

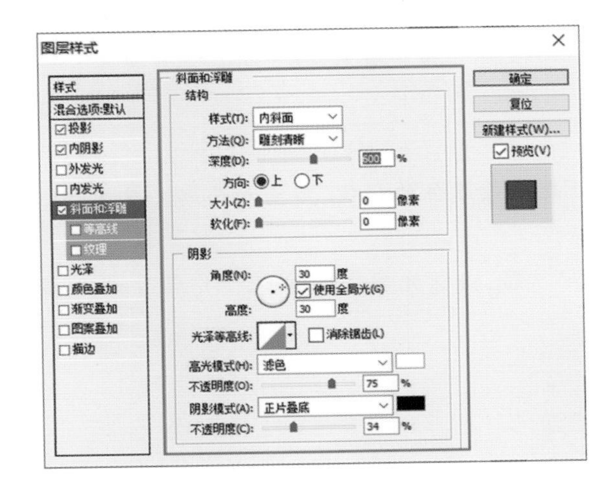

图 3-81　设置“斜面和浮雕”选项

图 3-82　“斜面和浮雕”样式效果

(12)选中“图层样式”对话框左侧的“斜面和浮雕”选项下的“等高线”选项，设置如图 3-83 所示，“等高线”样式效果如图 3-84 所示。

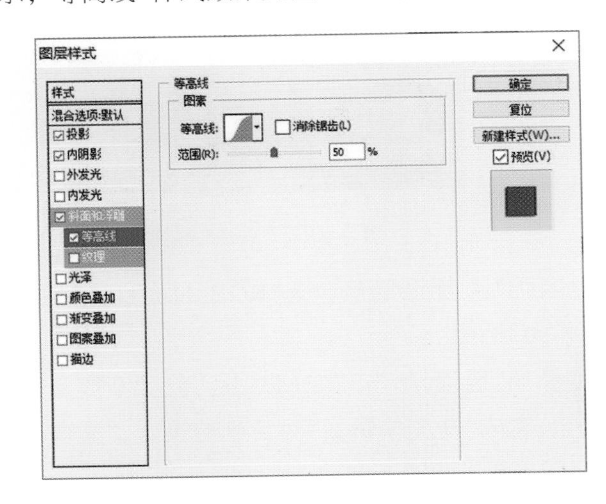

图 3-83　设置“等高线”选项

图 3-84　“等高线”样式效果

(13)选中“图层样式”对话框左侧的“斜面和浮雕”选项下的“纹理”选项，设置“图案”如图 3-85 所示，其他选项为默认，“纹理”样式效果如图 3-86 所示。

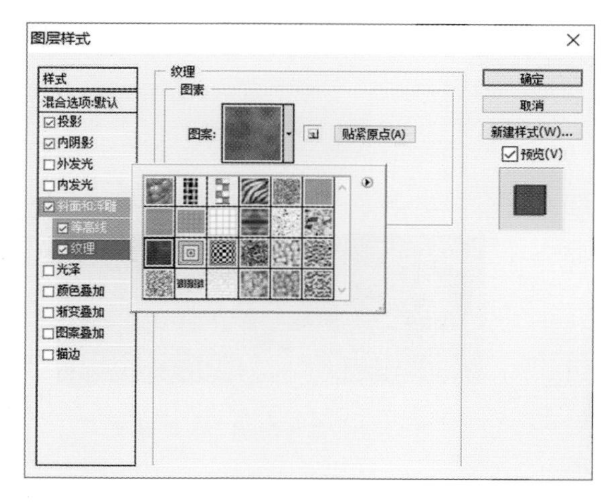

图 3-85 设置“纹理”选项

图 3-86 “纹理”样式效果

经验提示

应用“等高线”样式，可以勾画出在浮雕处理中被遮住的起伏、凹陷和凸起。应用“纹理”样式，可以为浮雕处理中的图像添加相应的纹理。

(14)选中“图层样式”对话框左侧的“光泽”选项，设置如图 3-87 所示，“光泽”样式效果如图 3-88 所示。

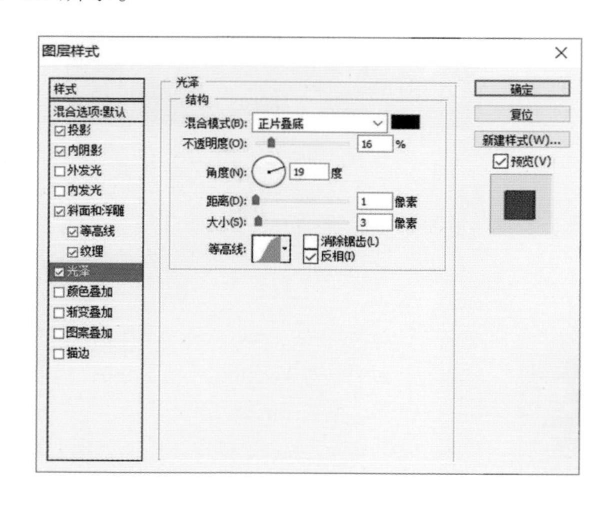

图 3-87 设置“光泽”选项

图 3-88 “光泽”样式效果

(15)选中“图层样式”对话框左侧的“颜色叠加”选项，设置颜色为“RGB:116,41,1”，其他设置如图 3-89 所示，“颜色叠加”样式效果如图 3-90 所示。

(16)选中“图层样式”对话框左侧的“渐变叠加”选项，单击渐变预览条，弹出“渐变编辑器”对话框，设置如图 3-91 所示。单击“确定”按钮，完成“渐变编辑器”对话框的设置，“渐变叠加”的其他选项设置如图 3-92 所示。“渐变叠加”样式效果如图 3-93 所示。

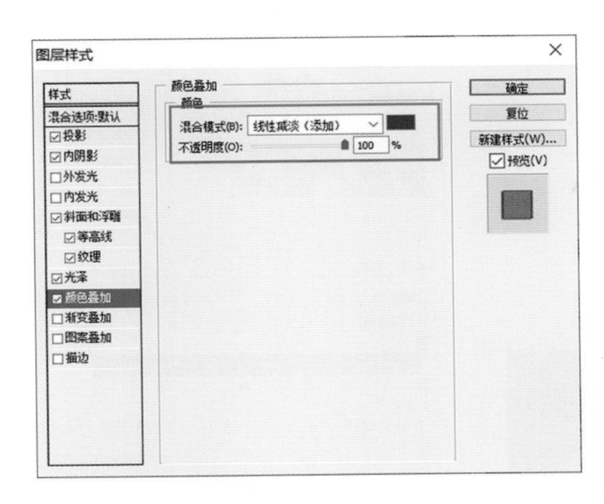

图 3-89　设置“颜色叠加”选项

图 3-90　“颜色叠加”样式效果

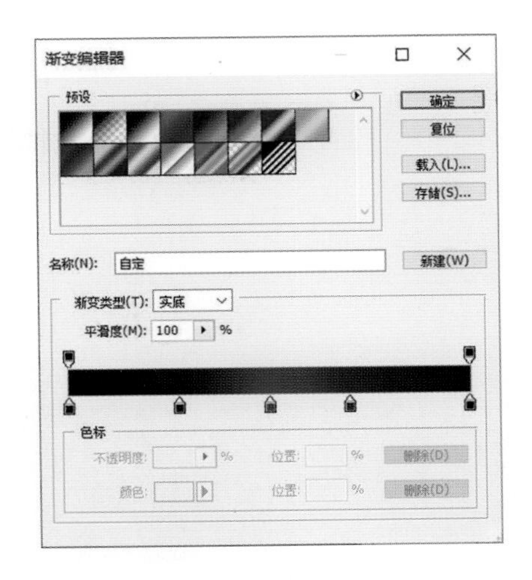

图 3-91　设置“渐变编辑器”对话框

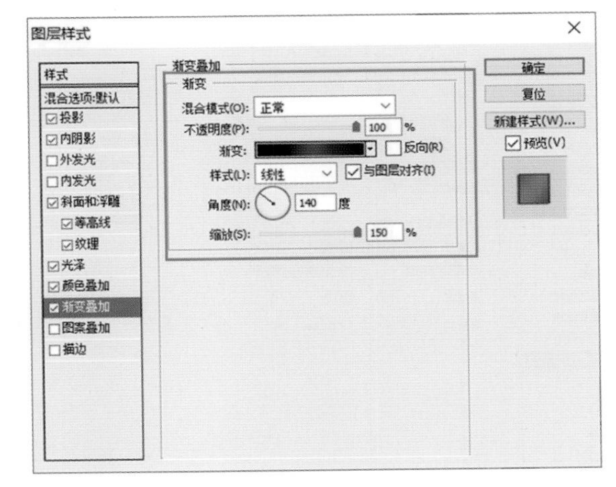

图 3-92　设置“渐变叠加”选项

● 经验提示

“颜色叠加”“渐变叠加”“图案叠加”样式效果类似于用“纯色”“渐变”“图案”填充图层，只不过“图层样式”对话框中的选项是通过图层样式的形式进行内容叠加的，需要注意的是这三种样式不能同时使用。

(17)选中“图层样式”对话框左侧的“描边”选项，设置“填充类型”为“渐变”，单击渐变预览条，弹出“渐变编辑器”对话框，设置如图 3-94 所示。

(18)单击“确定”按钮，完成“渐变编辑器”对话框的设置，“描边”选项其他设置如图 3-95 所示。单击“确定”按钮，完成“图层样式”对话框设置，效果如图 3-96 所示。

● 经验提示

为图层添加图层样式后，图层右侧会出现一个图层样式标志 fx，单击该标志右侧的按钮 ▴，可以折叠或展示样式列表。

(19)新建“图层 4”，按住 Ctrl 键单击文字图层缩览图，载入文字选区，如图 3-97 所示。执行“选择→修改→收缩”命令，弹出“收缩选区”对话框，设置“收缩量”为 1 像素，单击“确定”按

钮，为选区填充黑色，效果如图 3-98 所示。

图 3-93 “渐变叠加”样式效果

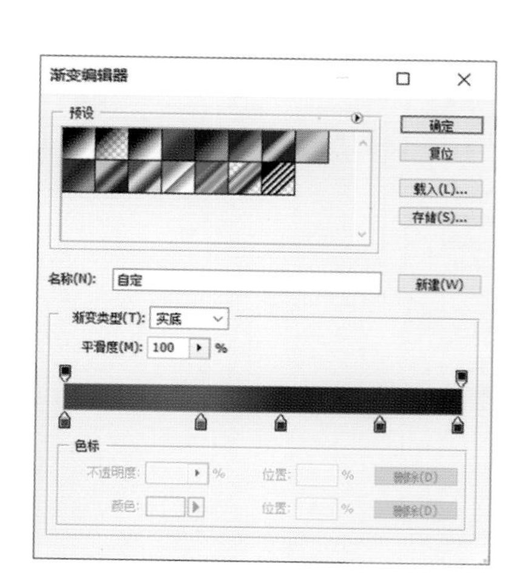

图 3-94 “渐变编辑器”对话框设置

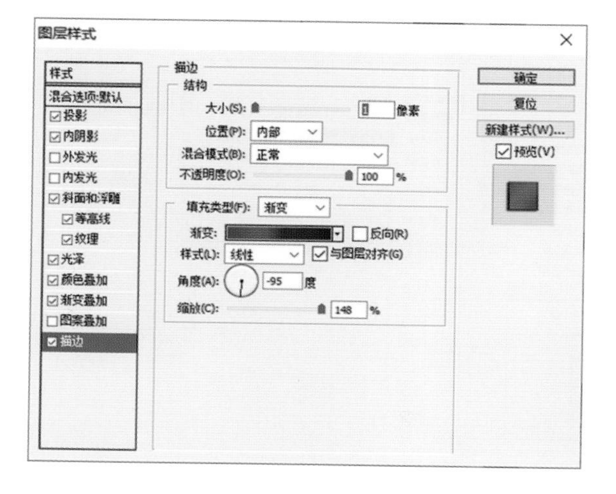

图 3-95 设置“描边”选项

图 3-96 图像效果

图 3-97 载入文字选区

图 3-98 图像效果

(20)按“Ctrl+D”键取消选区，选择“图层 4”，单击“添加图层样式”按钮 fx.，在弹出菜单中选择“内发光”选项，弹出“图层样式”对话框，设置如图 3-99 所示。选中“图层样式”对话框左侧的“光泽”选项，设置如图 3-100 所示。

(21)单击“确定”按钮，完成“图层样式”对话框的设置。在“图层”面板上设置该图层的“填充”为 0%，效果如图 3-101 所示，“图层”面板如图 3-102 所示。

● 经验提示

图层样式与文本图层一样具有可修改的特点，因此使用起来非常方便，可以反复修改图层样式，只需双击图层样式图标 fx 或双击“图层”面板中的图层样式，就可以再次打开“图层样式”

对话框对图层样式进行修改操作。

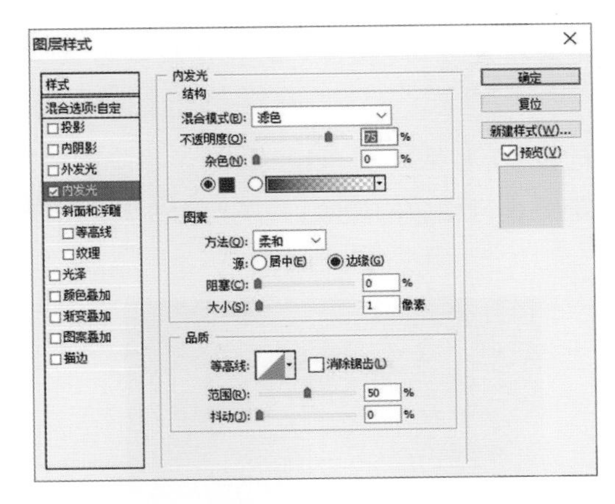

图 3-99 设置“内发光”选项

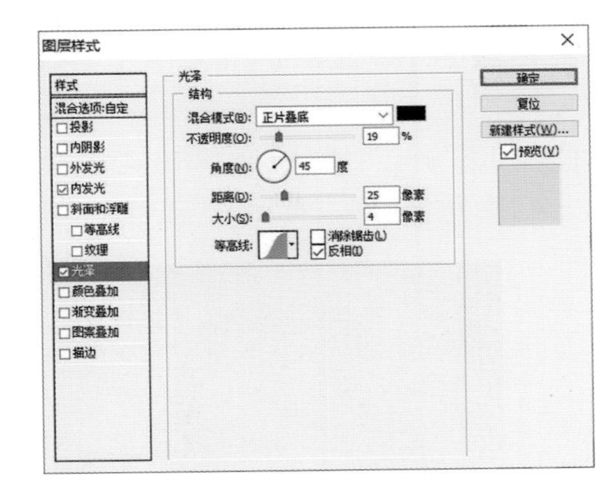

图 3-100 设置“光泽”选项

图 3-101 图像效果

图 3-102 “图层”面板

(22)将“图层 3”图层移到最顶层,效果如图 3-103 所示。将文字图层复制,得到“Graphic 副本”图层,将该图层拖至原文字图层下方,并将该图层的所有图层样式删除,执行“图层→栅格化→文字”命令,对文字进行栅格化,将原文字图层和“图层 4”隐藏。“图层”面板如图 3-104 所示。

图 3-103 图像效果

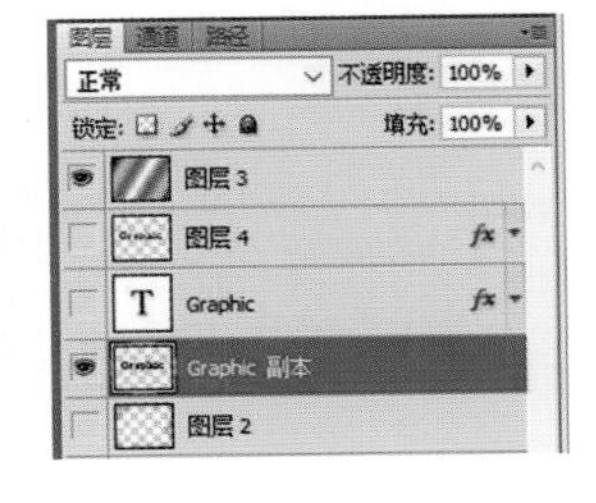

图 3-104 “图层”面板

此时图像效果如图 3-105 所示。

(23)执行“滤镜→模糊→动感模糊”命令,弹出“动感模糊”对话框,设置如图 3-106 所示。

图 3-105 图像效果

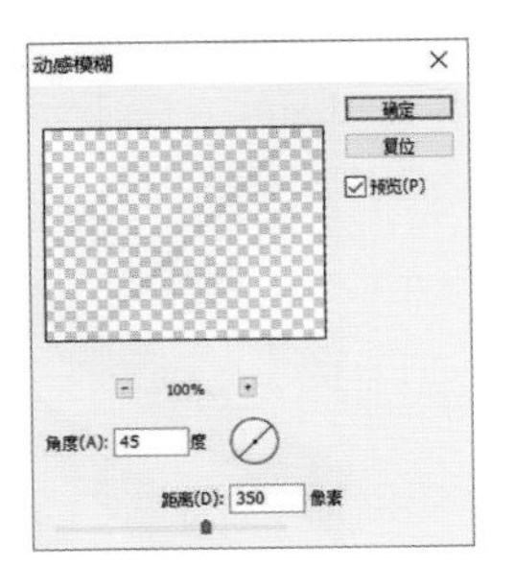

图 3-106 设置“动感模糊”对话框

● 经验提示

利用“动感模糊”滤镜可以根据制作效果的需要沿指定方向、以指定的强度模糊图像，形成残影效果。

(24)单击“确定”按钮，完成“动感模糊”对话框的设置，效果如图 3-107 所示。将隐藏的图层显示出来，使用“橡皮擦工具”，将上部和右侧多余的部分进行相应的擦除，效果如图 3-108 所示。

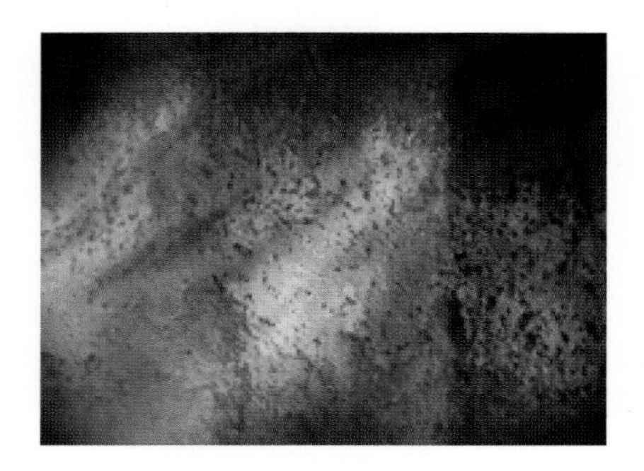

图 3-107 “动感模糊”效果

图 3-108 图像效果

(25)新建“图层 5”，将该图层调到顶层，如图 3-109 所示。使用“矩形工具”，设置前景色为白色，在选项栏中单击“填充像素”按钮，在面板中绘制多个垂直且平行的矩形，效果如图 3-110 所示。

图 3-109 “图层”面板

图 3-110 图像效果

(26)按快捷键“Ctrl+T”调出自由变换框，在画布中单击右键，在弹出菜单中选择“扭曲”选项，对其进行扭曲操作，按快捷键“Ctrl+Enter”确定，效果如图 3-111 所示。执行“滤镜→模糊→高斯模糊”命令，弹出“高斯模糊”对话框，设置如图 3-112 所示。

图 3-111 扭曲操作效果

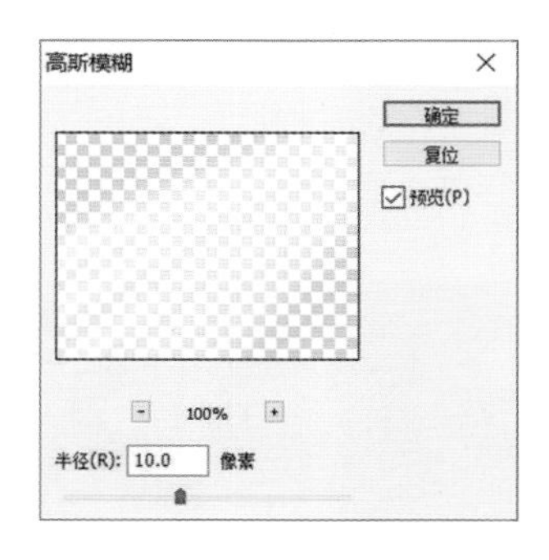

图 3-112 “高斯模糊”对话框设置

(27)单击“确定”按钮,完成“高斯模糊”对话框的设置。设置该图层的混合模式为“叠加”,“不透明度”为 80%,效果如图 3-113 所示,“图层”面板如图 3-114 所示。

(28)按住 Ctrl 键单击“图层 5”缩览图,载入选区,如图 3-115 所示。单击“Graphic 副本”图层,删除选区部分,按快捷键“Ctrl+D”取消选区,效果如图 3-116 所示。

(29)按住 Ctrl 键单击“Graphic”图层缩览图,载入选区,如图 3-117 所示。新建“图层 6”,将其移到“图层 3”下方。使用“渐变工具”,在选项栏中单击“对称渐变”按钮,在选区中拖动填充由白到黑的对称渐变,效果如图 3-118 所示。

图 3-113　图像效果

图 3-114　“图层”面板

图 3-115　载入选区

图 3-116　图像效果

图 3-117　载入选区

图 3-118　应用渐变效果

(30)按快捷键“Ctrl+D”,取消选区,设置该图层的混合模式为“叠加”,“不透明度”为 25%,如图 3-119 所示,图像效果如图 3-120 所示。

图 3-119　“图层”面板

图 3-120　图像效果

(31)执行“文件→置入”命令,置入素材“04. tif”,执行“图层→栅格化→智能对象”命令,将其栅格化,如图 3-121 所示。设置该图层的混合模式为“正片叠底”,“不透明度”为 50%,如图 3-122 所示。图像效果如图 3-123 所示。

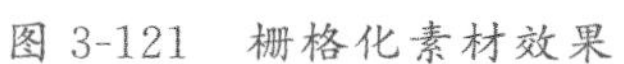

图 3-121 栅格化素材效果

图 3-122 “图层”面板

(32)使用相同的方法制作出其他文字的效果,完成该实例的制作,最终效果如图 3-124 所示。执行“文件→存储”命令,将其保存为“3-3. psd”。

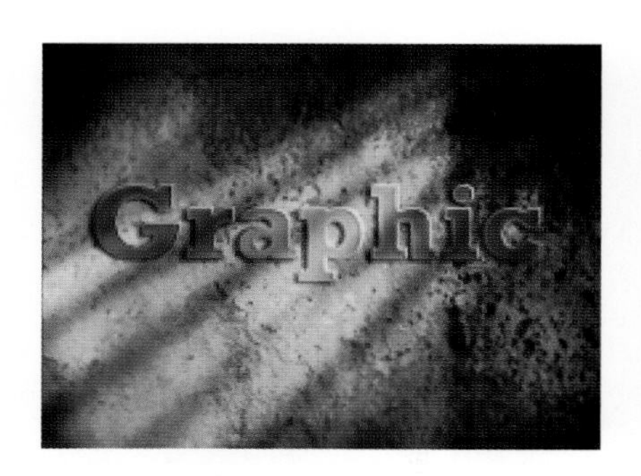

图 3-123 图像效果

图 3-124 最终效果

3.3.2 项目小结

完成本项目实例的制作,读者需要掌握该文字效果的制作方法,并且能够理解在制作过程中各种图层样式的设置。通过该实例的制作,读者会更加理解图层样式的功能,可以利用图层样式制作出更多的文字效果。

3.4 能力训练——水滴质感文字设计

项目背景

本项目训练为制作水滴文字效果,主要通过 Photoshop 中各种图层样式的应用来实现。在制作过程中,注意学习各图层样式的设置。

➢ 项目任务

完成水滴文字效果的制作。

➢ 项目评价

项目评价表见表 3-1。

表 3-1　项目评价表

评价项目	评价描述	评定结果		
		了解	熟练	理解
基本要求	了解常用字体的分类与特征	√		
	理解字体设计的要求			√
	掌握字体设计的方法		√	
综合要求	了解字体设计相关的基础知识，掌握常见的字体效果设计的方法			

➢ 项目要求

在本项目训练的制作过程中，首先打开背景素材，然后使用文字工具在画布中输入文字内容，载入该文字选区，添加相应的图层样式。制作该案例的大致步骤如下：

步骤 1

步骤 2

步骤 3

步骤 4

第4章 标志设计

标志(logo)在消费者心中往往是特定企业和品牌的象征。一般情况下,在设计 logo 时,采用的主题题材有:企业名称、企业名称首字、企业名称含义、企业文化与经营理念、企业经营内容与产品造型、企业与品牌的传统、历史或地域环境等。本章将通过几个不同的 logo 的设计制作,向读者介绍标志(logo)设计的方法和技巧。

4.1 知识准备——网络类企业 logo 设计

项目背景

标志(logo)反映了企业的内涵和外在形象,是一种静态识别符号,是企业文化和精神的象征。本项目实例将带领读者完成一个网络类企业 logo 的设计制作。

项目任务

完成网络类企业 logo 的设计制作。

项目分析

企业 logo 的设计,需要能够体现出企业的精神和企业文化;logo 的质感体现也是 logo 设计中非常重要的方面。

设计构思

网络类企业标志的设计需要体现企业的内涵与风格,并且能够表现出企业想传达给浏览者的精神。在本项目实例的设计制作中,将企业标志设计为圆形,为该圆形添加相应的图层样式,使其看起来像一个发光的球体,并绘制相应的图形,为图形填充渐变颜色,表现出金属的质感。本实例的最终效果如图 4-1 所示。

设计师提示

在科学技术飞速发展的今天,印刷、摄影、设计和图像传送的作用越来越重要,这种非语言传送的发展具有了和语言传送相抗衡的竞争力量。标志,则是一种独特的非语言传送方式。

图 4-1　最终效果

标志,是表明事物特征的记号。它以单纯、显著、易识别的物象、图形或文字符号为直观语言,除标示什么、代替什么之外,还具有表达意义、情感和指令行动等作用。

标志,作为人类直观联系的特殊方式,不但在社会活动与生产活动中无处不在,而且对于个人、企业乃至国家的根本利益,越来越显示出极其重要的独特功用。例如:国旗、国徽作为一个国家形象的标志,具有任何语言和文字都难以确切表达的特殊意义;交通标志、安全标志、操作标志等,对于指导人们进行有秩序的正常活动、确保生命财产安全,具有直观、快捷的功效;商标、店标、厂标等专用标志对于发展经济、创造经济效益、维护企业和消费者权益等具有重大实用价值和法律保障作用。各种国内外重大活动以及邮政运输、金融财贸、机关、团体及至个人等几乎都有表明自己特征的标志,这

些标志从各种角度发挥着沟通、交流、宣传作用，推动社会经济、政治、科技、文化的进步，保障各自的权益。随着国际交往的日益频繁，标志的直观、形象、不受语言文字阻碍等特性极其有利于国际间的交流与应用，因此国际化标志得到迅速推广和发展，成为视觉传送最有效的手段之一，成为人类共通的一种直观联系工具。

● 经验提示

通常情况下，需要在矢量软件中设计 logo，例如 Illustrator、CorelDRAW 等，因为 logo 使用的范围非常广泛，很多情况下需要输出印刷等，这就对 logo 的要求很高，在矢量软件中设计 logo，可以保证 logo 在放大或缩小的过程中不会失真。因为本书介绍的是 Photoshop，所以在本项目中将利用 Photoshop 设计制作 logo。

➤ 技能分析

在 Photoshop 中可以添加 10 种图层样式。“图层样式”对话框的组成结构如图 4-2 所示，如果在图层中添加了相应的效果，则该效果名称前面的复选框内将显示“√”标记。

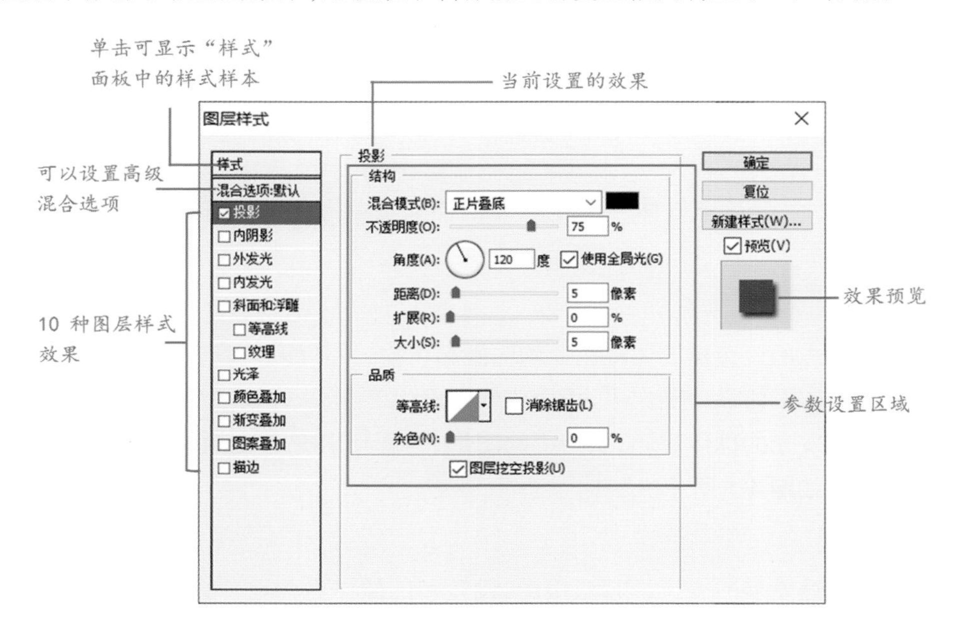

图 4-2 “图层样式”对话框的组成结构

➤ 项目实施

在本项目实例的制作过程中，首先绘制正圆形，为该图形添加相应的图层样式；接着使用“钢笔工具”绘制图形，并为该图形添加相应的图层样式，使其表现出很强的金属质感；最后为该 logo 图形添加高光，完成该 logo 的绘制。

4.1.1 制作步骤

(1)执行“文件→新建”命令，弹出“新建”对话框，设置如图 4-3 所示，单击“确定”按钮，新建文档。打开“图层”面板，新建“图层 1”，使用“椭圆选框工具”，在画布上绘制一个选区，如图 4-4 所示。

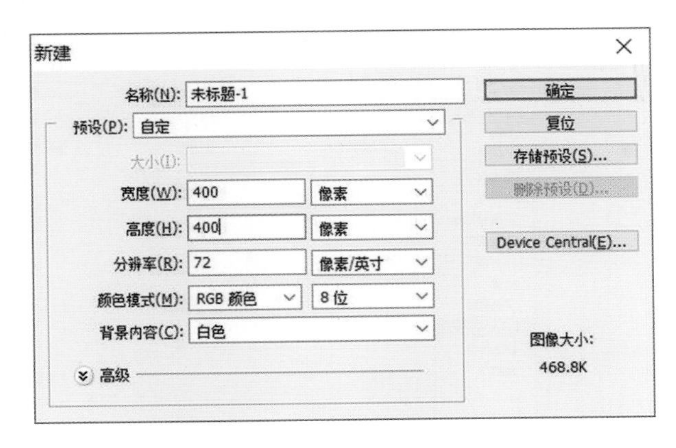

图 4-3 “新建”对话框设置

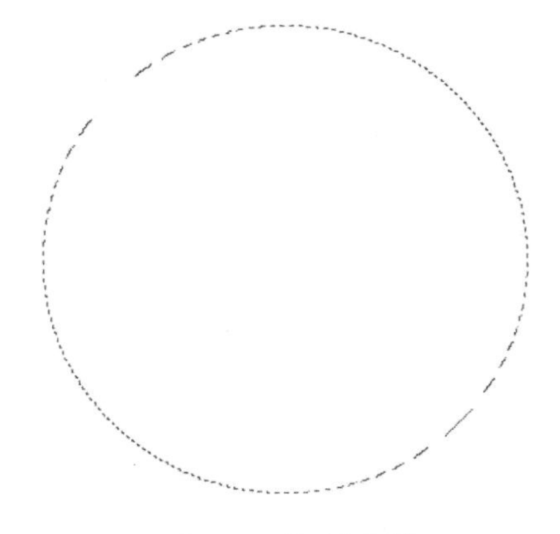

图 4-4 绘制选区

(2)设置前景色为“RGB:0,0,0”,按快捷键“Alt＋Delete”为选区填充前景色,如图 4-5 所示。执行“图层→图层样式→外发光”命令,在弹出的“图层样式”对话框中,对“外发光”图层样式进行相应的设置,如图 4-6 所示。

● 经验提示

“外发光”样式可以使图像沿着边缘向图像外部产生发光效果。“内发光”样式和“外发光”样式相反,“内发光”样式可以产生沿图层内容的边缘向内部发光的效果。

图 4-5 填充选区

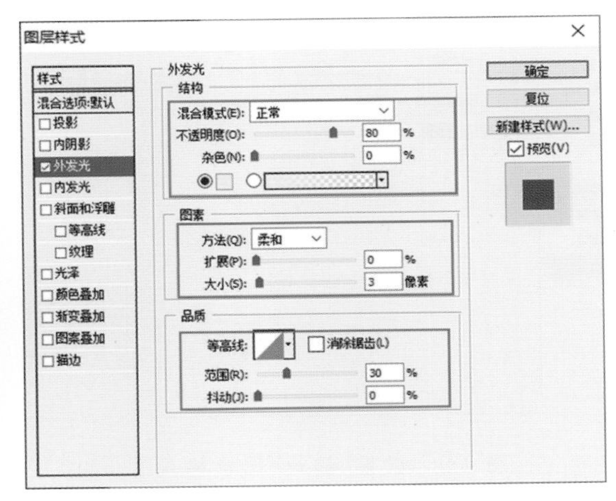

图 4-6 设置“外发光”图层样式

(3)在“图层样式”对话框左侧选中“内发光”复选框,设置如图 4-7 所示。在“图层样式”对话框左侧选中“渐变叠加”复选框,在“渐变叠加”图层样式中,设置渐变颜色从左至右分别为“RGB:156,187,232”和“RGB:49,99,171”,其他设置如图 4-8 所示。

● 经验提示

在制作发光效果时,如果发光物体或文字的颜色较深,发光颜色就应选较明亮的颜色。反之,如果发光物体或文字的颜色较浅,则发光颜色必须选择偏暗的颜色。总之,发光物体的颜色与发光颜色需要有一个较强的反差,才能突出发光的效果。

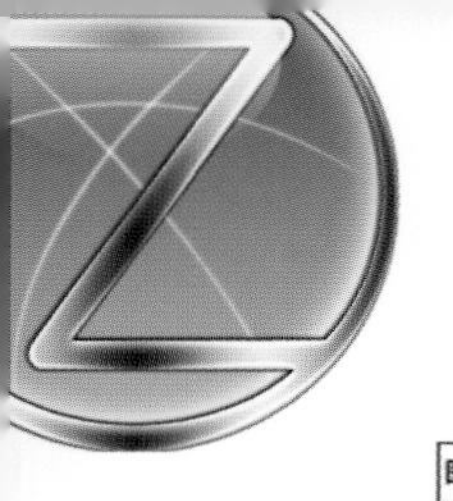

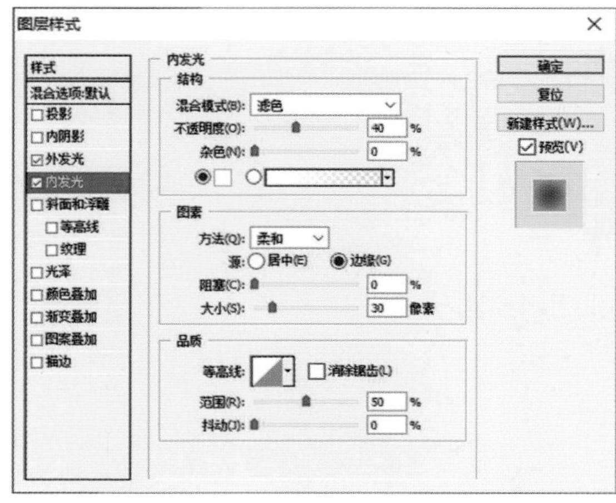

图 4-7 设置"内发光"图层样式

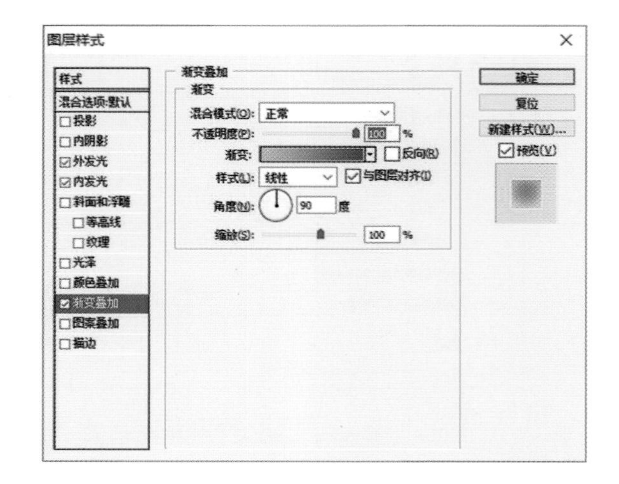

图 4-8 设置"渐变叠加"图层样式

(4)在"图层样式"对话框左侧选中"描边"复选框,设置如图 4-9 所示。单击"确定"按钮,完成"图层样式"对话框的设置,再按快捷键"Ctrl+D"取消选区,图像效果如图 4-10 所示。

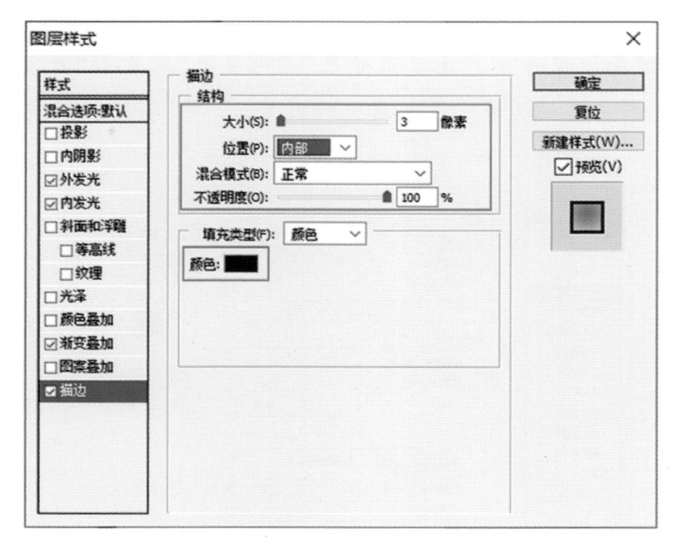

图 4-9 设置"描边"图层样式

图 4-10 图像效果

(5)新建"图层 2",使用"钢笔工具",在画布上绘制路径,如图 4-11 所示。按快捷键"Ctrl+Enter",将路径转换为选区,设置背景色为"RGB:255,255,255",按快捷键"Ctrl+Delete"为选区填充背景色,如图 4-12 所示。执行"编辑→渐隐填充"命令,弹出"渐隐"对话框,设置如图 4-13 所示。

● 经验提示

利用"渐隐"命令可以更改滤镜、绘画工具、橡皮擦工具或颜色调整的不透明度和混合模式。应用"渐隐"命令效果类似于在一个单独的图层上应用滤镜的效果,然后再使用图层不透明度和混合模式控制。

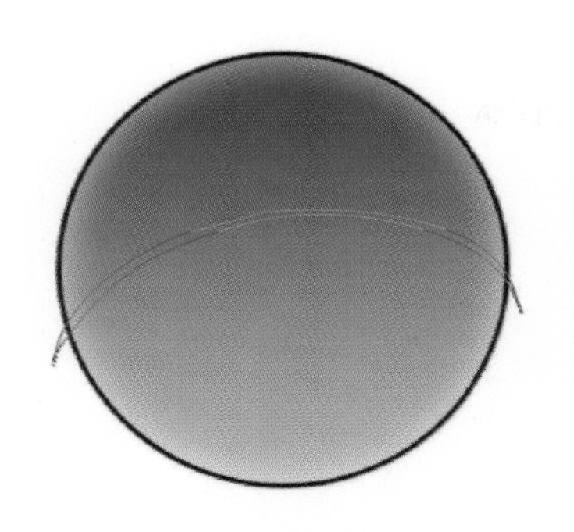

图 4-11　绘制路径

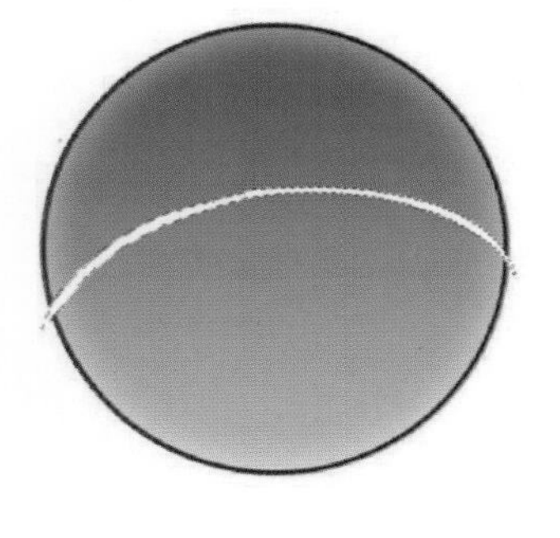

图 4-12　填充选区

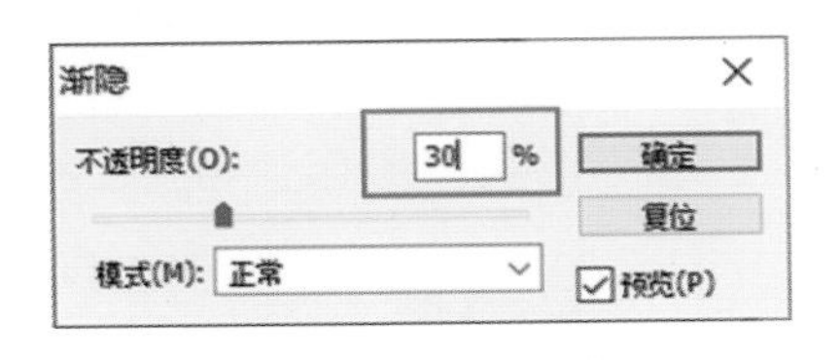

图 4-13　设置“渐隐”对话框

(6)单击“确定”按钮，完成“渐隐”对话框的设置，图像效果如图 4-14 所示。使用相同的方法，在画布上绘制其他图形，如图 4-15 所示。

图 4-14　图像效果

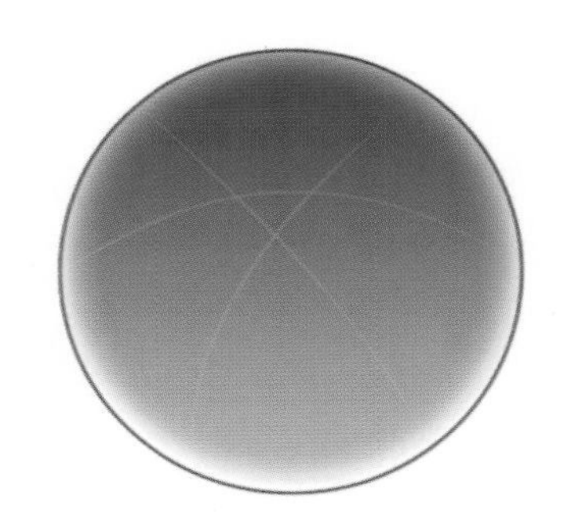

图 4-15　绘制其他图形后的图像效果

(7)执行“图层→图层样式→外发光”命令，弹出“图层样式”对话框，设置如图 4-16 所示。在“图层样式”对话框左侧选中“内发光”复选框，设置如图 4-17 所示。

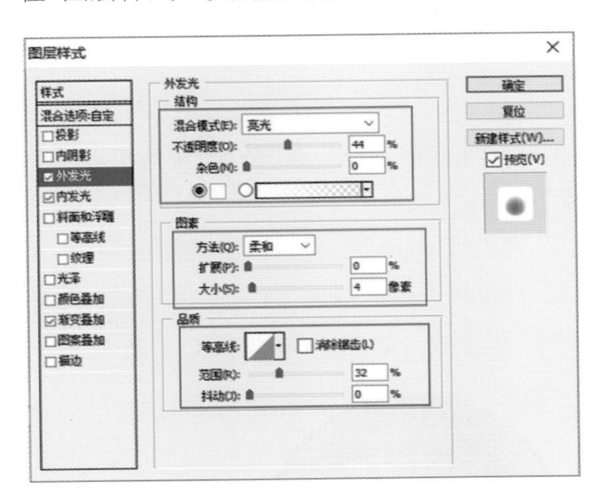

图 4-16　设置“外发光”图层样式

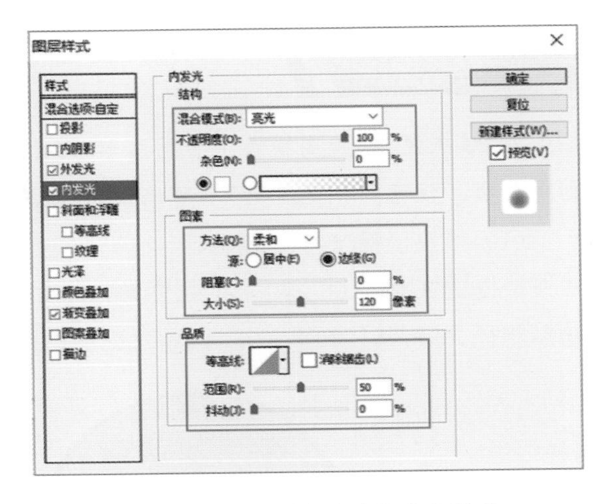

图 4-17　设置“内发光”图层样式

(8)在“图层样式”对话框左侧选中“渐变叠加”复选框，在“渐变叠加”图层样式中，设置一个从黑色到白色的渐变，其他设置如图 4-18 所示。单击“确定”按钮，完成“图层样式”对话框的设置，图像效果如图 4-19 所示。

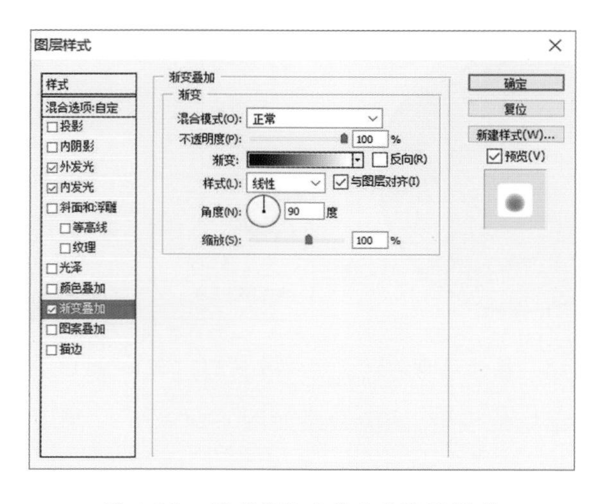

图 4-18　设置"渐变叠加"图层样式

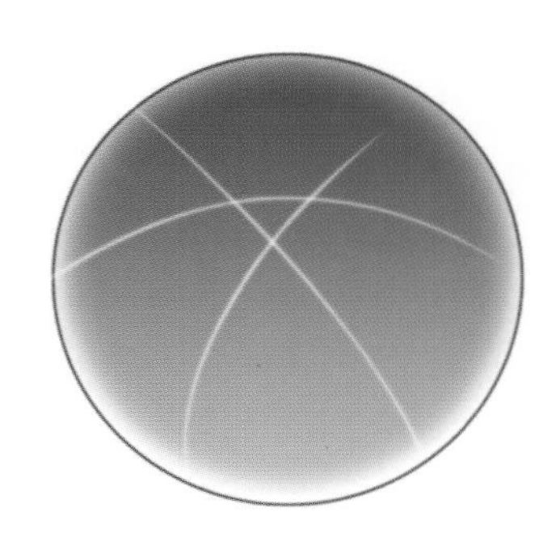

图 4-19　图像效果

(9)新建"图层 3",使用"椭圆工具",在选项栏上单击"填充像素"按钮,在画布上绘制一个填充颜色为黑色的圆形,如图 4-20 所示。使用"钢笔工具",在画布上绘制路径,如图 4-21 所示。

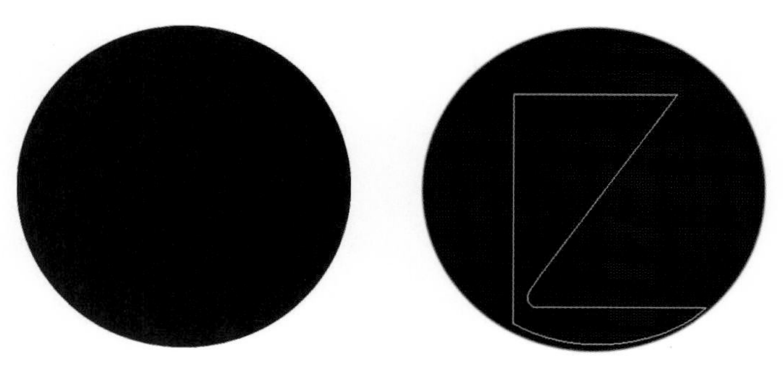

图 4-20　绘制圆形　　图 4-21　绘制路径

经验提示

在"填充像素"绘图模式下绘制图形,由于不能创建矢量蒙版,所以,在"路径"面板中也不会创建路径。注意,"钢笔工具"不可以使用"填充像素"绘图模式。

(10)按快捷键"Ctrl+Enter",将路径转换为选区,再按 Delete 键,将选区中的图像删除,然后按快捷键"Ctrl+D",取消选区,图像效果如图 4-22 所示。使用相同的方法,使用"钢笔工具"绘制路径,并将路径转换为选区,将选区中的图像删除,图像效果如图 4-23 所示。

图 4-22　图像效果

图 4-23　图像效果

(11)执行“图层→图层样式→内阴影”命令，弹出“图层样式”对话框，设置如图 4-24 所示。在“图层样式”对话框左侧选中“外发光”复选框，设置如图 4-25 所示。

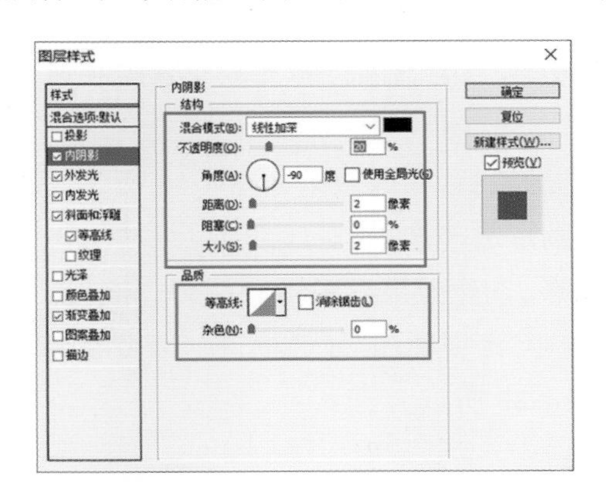

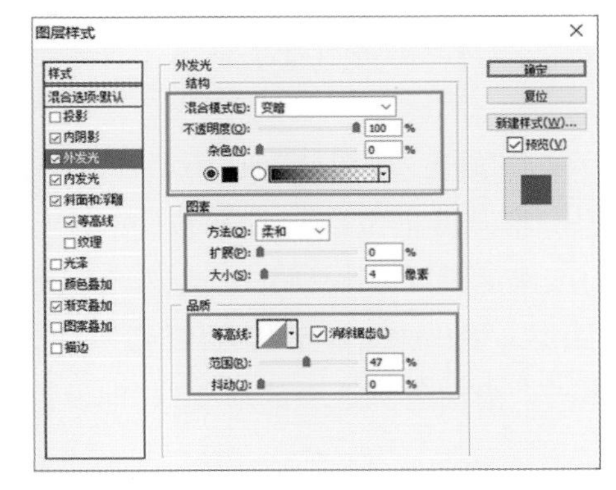

图 4-24 设置“内阴影”图层样式　　图 4-25 设置“外发光”图层样式

(12)在“图层样式”对话框左侧选中“内发光”复选框，对“内发光”图层样式进行相应的设置，如图 4-26 所示。在“图层样式”对话框左侧选中“斜面和浮雕”复选框，对“斜面和浮雕”图层样式进行相应的设置，如图 4-27 所示。

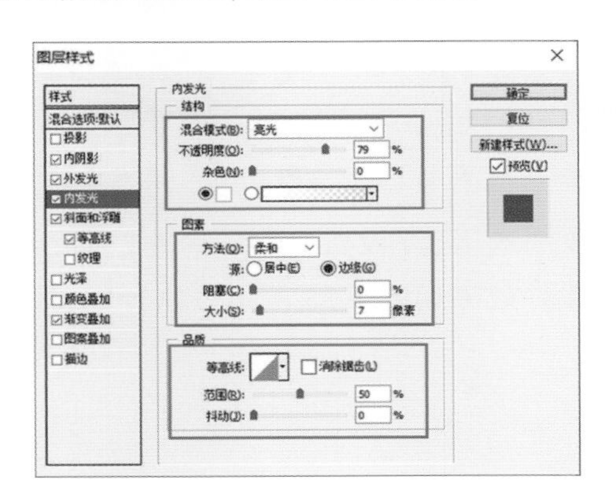

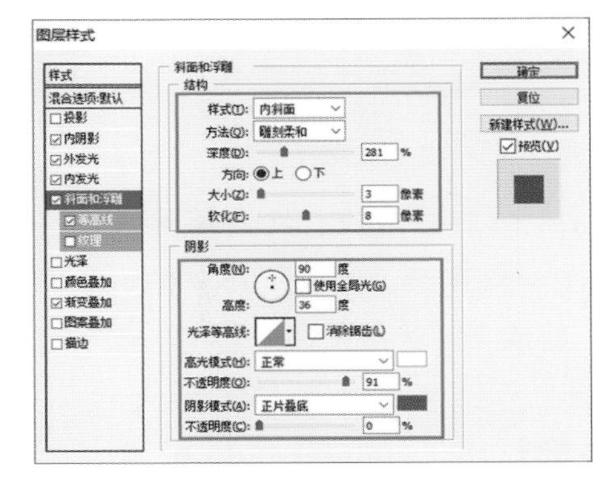

图 4-26 设置“内发光”图层样式　　图 4-27 设置“斜面和浮雕”图层样式

(13)在“图层样式”对话框左侧选中“等高线”复选框，对“等高线”图层样式进行相应的设置，如图 4-28 所示。在“图层样式”对话框左侧选中“渐变叠加”复选框，在“渐变叠加”图层样式中，设置一个由黑色到白色再到黑色的渐变，其他设置如图 4-29 所示。

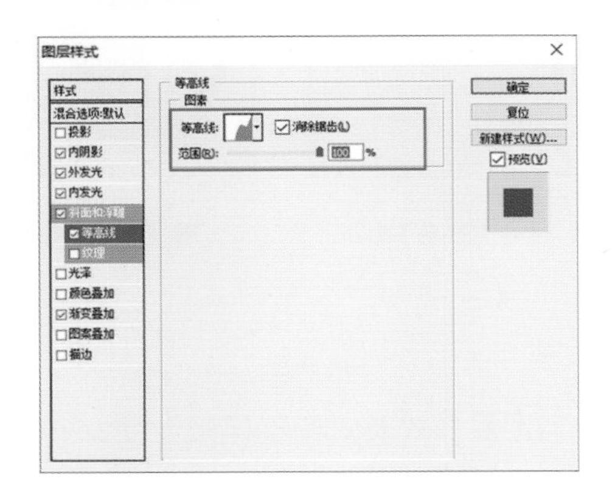

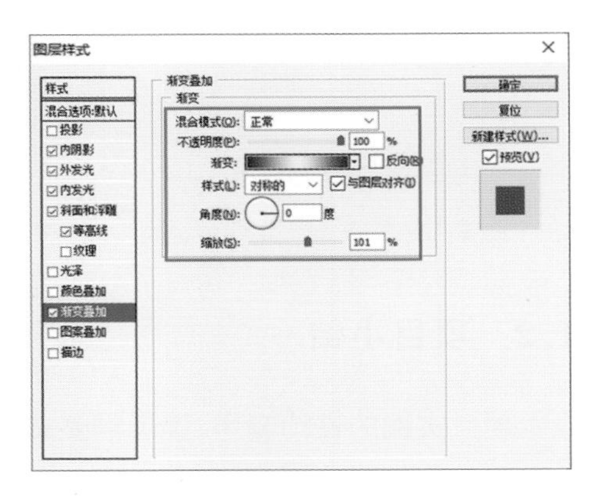

图 4-28 设置“等高线”图层样式　　图 4-29 设置“渐变叠加”图层样式

经验提示

“斜面和浮雕”是较复杂的一种图层样式，应用该样式可以对图层添加高光与阴影的各种组合，模拟现实生活中的各种浮雕效果。使用“等高线”可以勾画在浮雕处理中被遮住的起伏、凹陷和凸起。

(14)单击“确定”按钮，完成“图层样式”对话框的设置，图像效果如图 4-30 所示。新建“图层 4”，使用“椭圆选框工具”，在画布上绘制一个椭圆形选区，如图 4-31 所示。

(15)按快捷键“Ctrl＋Delete”为选区填充背景色，图像效果如图 4-32 所示。在“图层”面板上双击“图层 4”缩览图，弹出“图层样式”对话框，选中“渐变叠加”复选框，在“渐变叠加”图层样式中设置一个由白色到透明的渐变，其他设置如图 4-33 所示。

图 4-30 图像效果

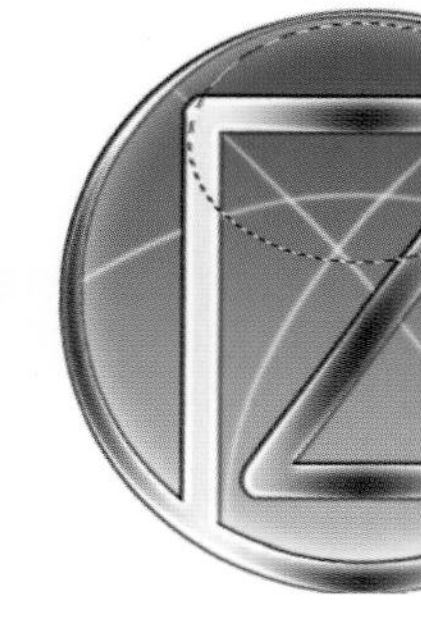

图 4-31 绘制椭圆选区

图 4-32 填充选区

(16)单击“确定”按钮，按快捷键“Ctrl＋D”取消选区，并设置“图层 4”的“不透明度”为 77%，如图 4-34 所示。完成该 logo 的设计制作，最终效果如图 4-35 所示。执行“文件→存储为”命令，将该文件保存为“4-1. psd”。

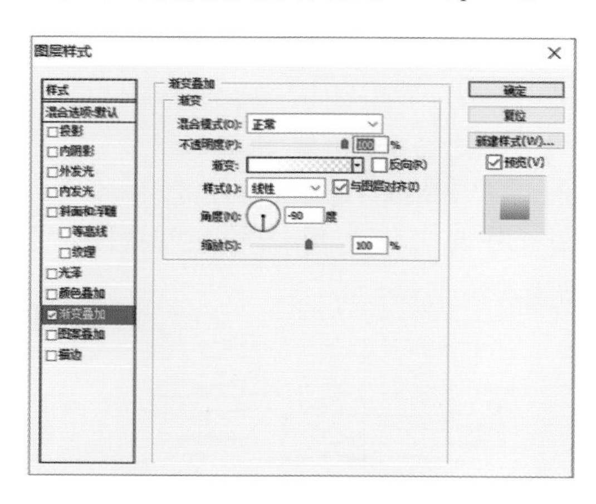

图 4-33 设置“渐变叠加”图层样式

图 4-34 “图层”面板

图 4-35 图像效果

4.1.2 项目小结

完成本项目实例的设计制作，读者需要掌握添加图层样式及对图层样式进行设置的方法，以及通过对图层样式进行设置，表现出图形质感的方法。

4.2 知识准备——科技类企业 logo 设计

➢ 项目背景

设计企业 logo 时，可以采用的主题题材有很多，我们要根据不同的情况来设计不同的方案。本项目实例将带领读者完成一个科技类企业 logo 的设计制作。

➢ 项目任务

完成科技类企业 logo 的设计制作。

➢ 项目分析

本项目实例的设计，将采用图形与企业英文名称相结合的方式，表现企业 logo，使企业 logo 能够更加直观和便于理解。

➢ 设计构思

在本实例的设计制作过程中，通过红色和蓝色的强烈对比，表现企业的活力；运用火焰的图形效果，喻示着企业的快速发展；通过为 logo 图形添加灰色的投影和描边效果，使得 logo 图形更具有立体感。本实例的最终效果如图 4-36 所示。

➢ 设计师提示

标志(logo)的特点如下。

图 4-36 最终效果

1. 功用性

标志的本质在于它的功用性。经过艺术设计的标志虽然具有观赏价值，但标志主要不是为了供人观赏，而是为了实用。标志是人们进行生产活动、社会活动必不可少的直观工具。

2. 识别性

标志最突出的特点是各具独特面貌，便于识别；标示事物自身特征，标示事物间不同的意义以进行区别与归属，是标志的主要功能。各种标志直接关系到个人、集团乃至国家的根本利益，决不能雷同、相互混淆，以免造成错觉。因此，标志必须特征鲜明，令人一眼即可识别，并过目不忘。

3. 显著性

显著性是标志的又一重要特点，除隐形标志外，绝大多数标志的设置就是要引起人们注意，因此，色彩强烈醒目、图形简练清晰，是标志通常具有的特征。

4. 多样性

标志种类繁多、用途广泛，其应用形式、构成形式、表现手段，都有着极其丰富的多样性。就

其应用形式而言，标志不仅有平面的，还有立体的。就其构成形式而言，标志有直接利用物象的，有以文字符号构成的，有以具象、意象或抽象图形构成的，有以色彩构成的。多数标志是由几种基本形式组合构成的。

5. 艺术性

凡经过设计的非自然标志都具有某种程度的艺术性。既符合实用要求，又符合美学原则，给人以美感，是对其艺术性的基本要求。一般来说，艺术性强的标志更能吸引和感染人，给人以强烈和深刻的印象。

6. 准确性

标志无论要说明什么、指示什么，无论是寓意还是象征，其含义必须准确。首先要易懂，符合人们认识心理和认识能力。其次要准确，避免意料之外的多解或误解，尤其需要注意禁忌。让人在极短时间内一目了然、准确领会无误，这正是标志优于语言、快于语言的长处。

7. 持久性

与广告或其他宣传品不同，标志一般都具有长期使用价值，不轻易改动。

技能分析

使用 Photoshop 中的“钢笔工具”和各种形状绘图工具可以创建 3 种不同类型的对象，分别是形状图层、工作路径和填充像素。单击工具箱中的某一种矢量绘图工具，例如，单击工具箱中的“钢笔工具”按钮，在其选项栏中会有 3 种不同的绘图模式按钮，如图 4-37 所示，需要指定一种绘图模式后，才可以开始绘图。

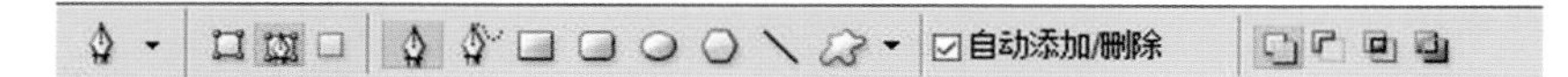

图 4-37 “钢笔工具”的选项栏

1. 形状图层

单击选项栏上的“形状图层”按钮，可以切换到“形状图层”绘图模式，在该模式下将在单独的形状图层中创建形状。形状图层由填充区域和形状两部分组成。填充区域定义了形状的颜色、图案和图层的不透明度；形状则是一个矢量蒙版，它定义了图像显示和隐藏区域。形状是路径，它出现在“路径”面板中。

2. 工作路径

单击选项栏上的“路径”按钮，可以切换到“路径”绘图模式，在该模式下可以创建工作路径，所创建的工作路径将出现在“路径”面板中。可以将工作路径转换为选区，创建矢量蒙版，也可以填充和描边从而得到栅格化的图像。

3. 填充像素

单击选项栏上的“填充像素”按钮，可以切换到“填充像素”绘图模式，在该模式下可以在当前图层上绘制栅格化的图形(图形的填充颜色为前景色)。

项目实施

在本项目实例的制作过程中，首先使用“钢笔工具”绘制 logo 图形，并为该图形添加相应的图层样式，使图形看起来更加具有立体感和质感。然后，载入图形的选区并扩展选区填充颜色，为图形添加相应的图层样式，制作出 logo 图形图层下一层的效果，使 logo 图形看起来更具层次感。最后为 logo 图形添加文字，完成企业 logo 的制作。

4.2.1 制作步骤

(1)执行“文件→新建”命令，弹出“新建”对话框，设置如图 4-38 所示，单击“确定”按钮，新建文档。新建“图层 1”，使用“钢笔工具”，在选项栏上单击“形状图层”按钮，设置前景色为“RGB:48,70,148”，在画布上绘制图形，如图 4-39 所示。

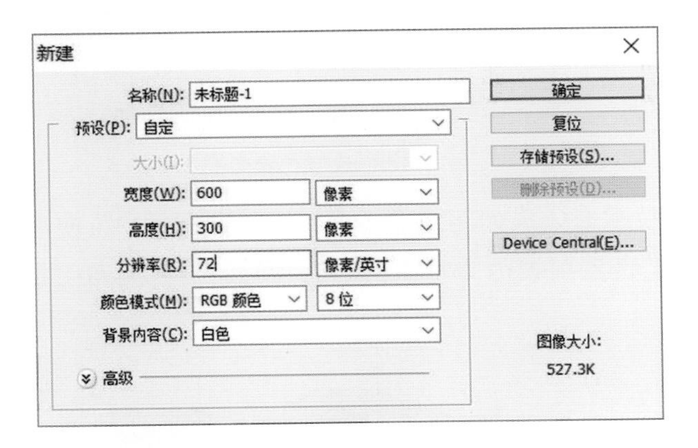

图 4-38 “新建”对话框设置

图 4-39 绘制图形

经验提示

除了使用“钢笔工具”外，使用其他的形状工具，包括“矩形工具”“圆角矩形工具”“椭圆工具”“多边形工具”“直线工具”“自定形状工具”，同样可以创建出形状图层。

(2)双击“图层 1”，弹出“图层样式”对话框，选择“内阴影”图层样式，设置内阴影颜色值为“RGB:45,70,148”，其他设置如图 4-40 所示。选择“斜面和浮雕”图层样式，设置“斜面和浮雕”样式，如图 4-41 所示。

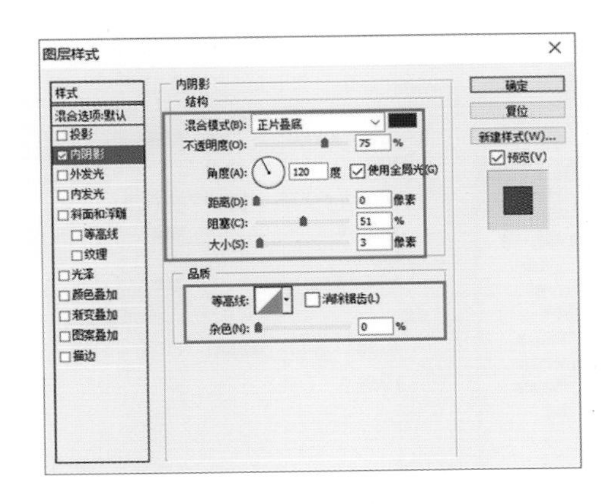

图 4-40 设置“内阴影”样式

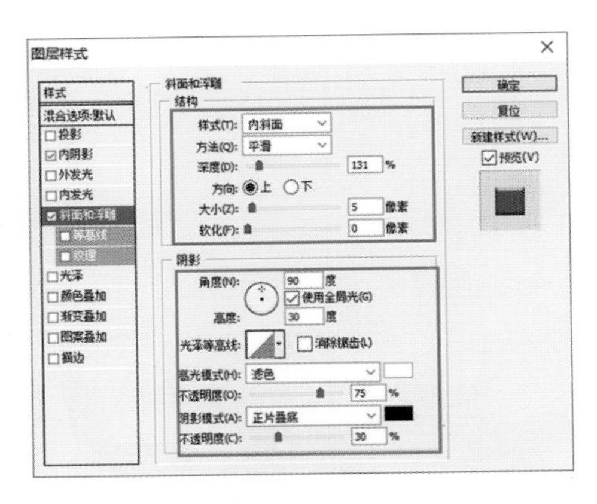

图 4-41 设置“斜面和浮雕”样式

(3)选择“渐变叠加”图层样式，单击渐变预览条，弹出“渐变编辑器”对话框，从左向右分别设置渐变色标值为“RGB:200,200,200”“RGB:122,122,122”“RGB:255,255,255”，如图 4-42

所示,单击“确定”按钮,其他设置如图 4-43 所示。

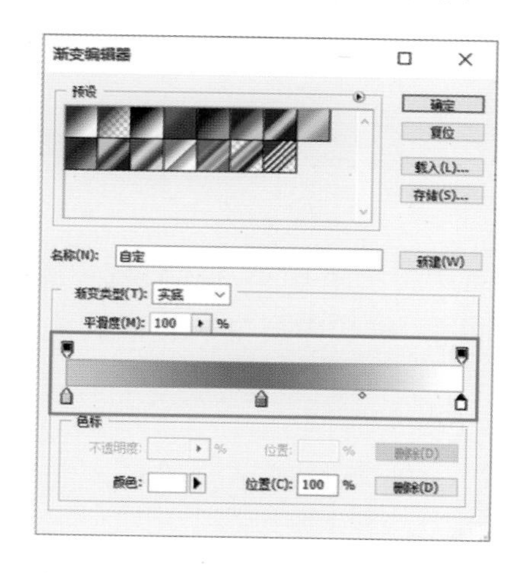

图 4-42　设置“渐变编辑器”对话框

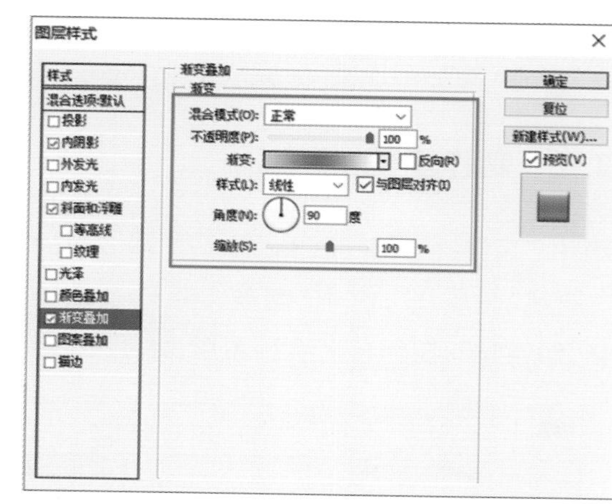

图 4-43　设置“渐变叠加”样式

(4)设置完成后,单击“确定”按钮,图形效果如图 4-44 所示。新建“图层 2”,使用“钢笔工具”,在选项栏上单击“形状图形”按钮,设置前景色为“RGB:245,106,28”,在画布上绘制图形,如图 4-45 所示。

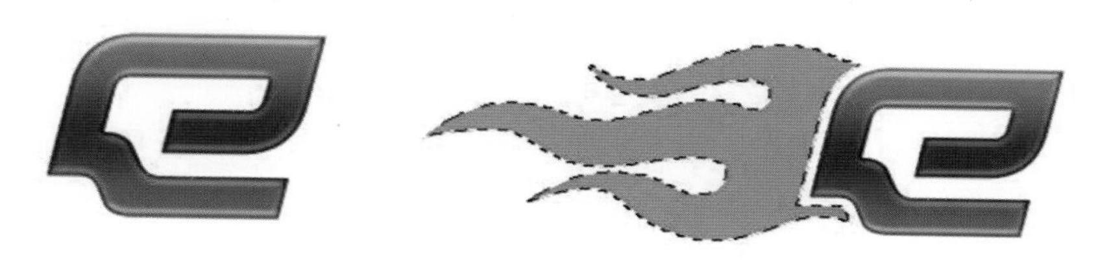

图 4-44　图形效果

图 4-45　绘制图形

(5)选择“图层 1”,执行“图层→图层样式→拷贝图层样式”命令,选择“图层 2”,执行“图层→图层样式→粘贴图层样式”命令,图形效果如图 4-46 所示。执行“图层→图层样式→内阴影”命令,弹出“图层样式”对话框,设置内阴影颜色值为“RGB:150,52,2”,其他设置如图 4-47 所示。

图 4-46　图形效果

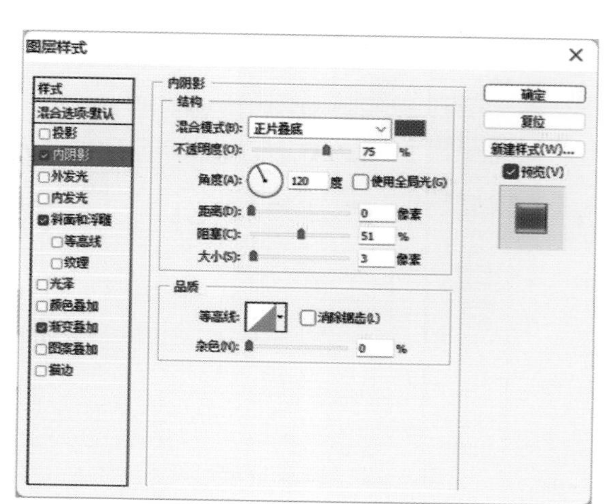

图 4-47　设置“内阴影”样式

(6)设置完成后,单击“确定”按钮,图形效果如图 4-48 所示。新建“图层 3”,按住 Ctrl 键单击“图层 1”缩览图,载入“图层 1”的选区,再按住“Ctrl+Shift”单击“图层 2”缩览图,将“图层 2”的选区范围添加到选区中,如图 4-49 所示。

图 4-48　图形效果　　　　图 4-49　载入选区

(7)执行“选择→修改→扩展”命令,弹出“扩展选区”对话框,设置如图 4-50 所示。单击“确定”按钮,扩展选区范围。设置任意一种前景色,按快捷键“Alt+Delete”,填充前景色,并将该图层拖动到“背景”图层上方、“图层 1”下方,效果如图 4-51 所示。

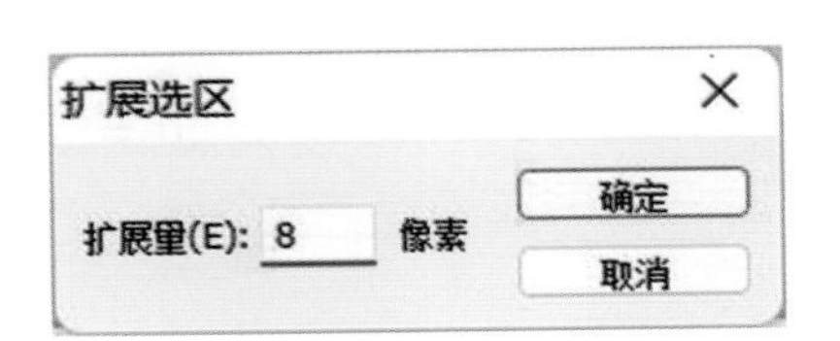

图 4-50　设置“扩展选区”对话框

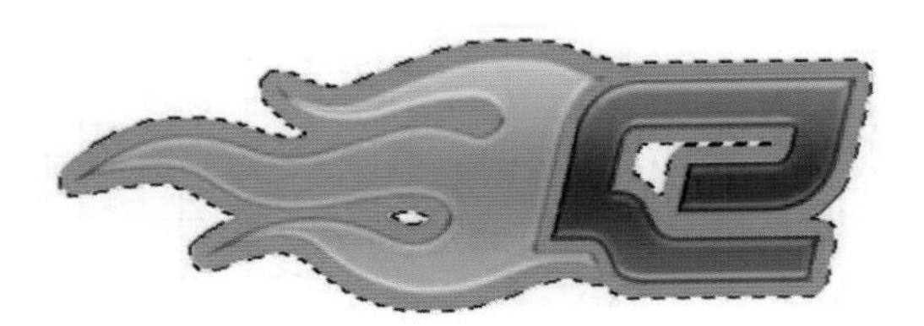

图 4-51　图像效果

如果希望在已经创建的选区基础上扩展选区的范围,可以执行“选择→修改→扩展”命令,弹出“扩展选区”对话框,在该对话框中设置“扩展量”,即可按指定的扩展量扩展选区。

(8)双击“图层 3”,弹出“图层样式”对话框,选择“投影”图层样式,设置投影颜色值为“RGB:0,0,0”,其他设置如图 4-52 所示。选择“渐变叠加”图层样式,单击渐变预览条,弹出“渐变编辑器”对话框,从左向右分别设置渐变色标值为“RGB:255,255,255”“RGB:200,200,200”“RGB:221,221,221”“RGB:180,180,180”,如图 4-53 所示。

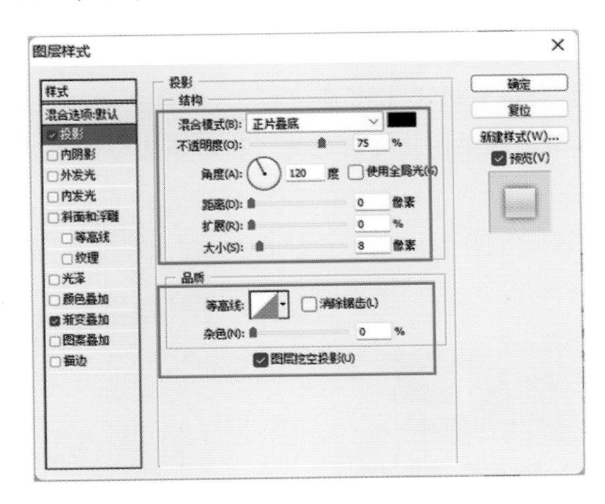

图 4-52　设置“投影”样式

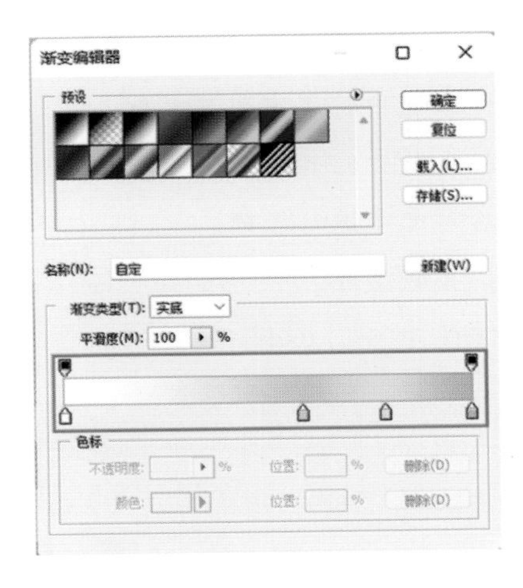

图 4-53　设置“渐变编辑器”对话框

(9)单击“确定”按钮,完成“渐变编辑器”对话框的设置,“渐变叠加”图层样式其他选项设置如图 4-54 所示。单击“确定”按钮,完成“图层样式”对话框的设置,图像效果如图 4-55 所示。

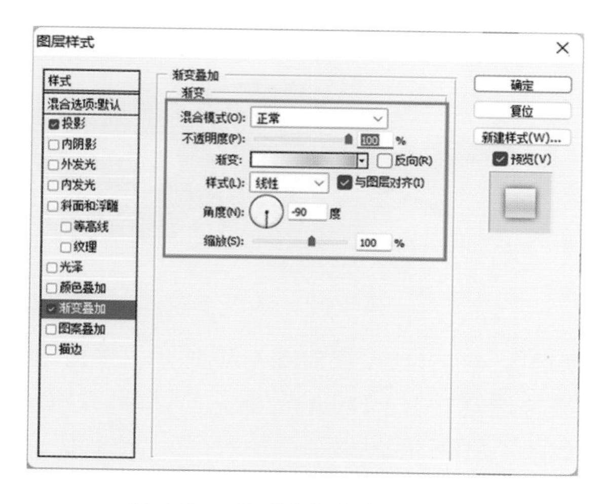

图 4-54 设置“渐变叠加”样式

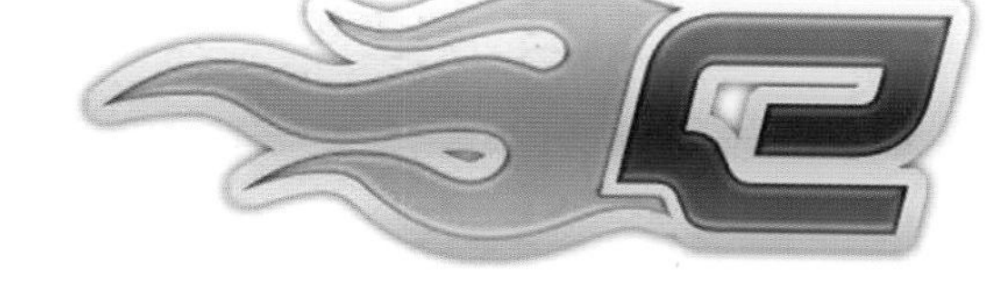

图 4-55 图像效果

(10)使用“横排文字工具”,在画布上单击输入文字,如图 4-56 所示。复制文字图层,并执行“图层→栅格化→文字”命令,将文字栅格化,并将前面的文字图层隐藏,“图层”面板如图 4-57 所示。

图 4-56 输入文字

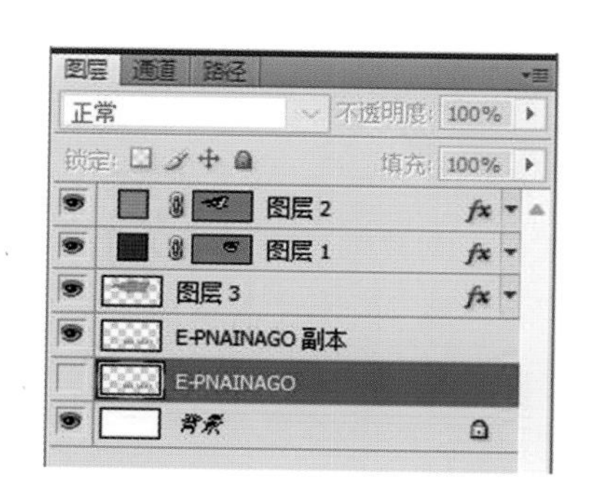

图 4-57 “图层”面板

● 经验提示

在该步骤中将文字图层复制一层,并将复制得到的文字图层栅格化,主要是为了避免在其他计算机上打开时其他计算机上没有该字体而出现字体缺失的问题。保留原文字图层,是为了便于以后对文字进行修改。

(11)完成该 logo 图形的设计制作,最终效果如图 4-58 所示。执行“文件→存储为”命令,将该文件保存为“4-2. psd”。

图 4-58 最终效果

4.2.2 项目小结

完成本项目实例的制作，读者需要掌握色彩对比的表现方法。在该实例的制作过程中，同样使用图层样式，使 logo 图形表现得更加具有质感和立体感，读者可通过练习掌握图层样式的使用方法。

4.3 知识准备——软件类公司 logo 设计

➢ 项目背景

公司的 logo 是应用最为广泛的、出现频率最高的视觉传达要素，一个公司的 logo 会影响客户对公司服务以及形象的认同，因此设计公司的 logo 要注意形神兼备。本项目实例将带领读者完成一个软件类公司 logo 的设计制作。

➢ 项目任务

完成软件类公司 logo 的设计制作。

➢ 项目分析

一个公司的 logo 若设计成功可以树立公司的良好形象，以特有的视觉符号系统吸引消费者的注意力，使消费者对公司所提供的产品产生兴趣。本项目实例所设计的 logo，可利用简单的图形与企业名称相结合，很好地表现企业的精神。

➢ 设计构思

在本实例的设计中，通过灰色和橙色相结合，表现企业的科技感和年轻、活泼的感觉，在设计的过程中，多处使用"渐变叠加""内发光""描边"等图层样式，表现 logo 图形的质感。本实例的最终效果如图 4-59 所示。

图 4-59　最终效果

➢ 设计师提示

标志(logo)是公司生产经营中应用得最广泛、出现频率最高的要素，它是所有视觉设计要素的主导力量，是所有视觉设计要素的核心。更重要的是，logo 在消费者心目中是特定企业、品牌的同一物。设计 logo 时，应充分把握好以下原则：

· 标志在企业识别系统的各个要素展开设计中居于重要的地位，而且是必不可少的构成要素，扮演着决定性、领导性的角色，综合体现其他视觉传达要素。

· 标志是透过整体的规划与精心设计所产生的造型符号，具有个性独特的风貌和强烈的视觉冲击力，因此应该重点突出其识别效果。

· 标志是企业统一化的表示。在当今消费意识与审美情趣急剧变化的时代，人们有追求时

尚的心理趋势，这使得标志设计面临着时代意识的要求。

· 标志在运用中会出现在不同的场合，涉及不同的传播媒体，因此它必须有一定的适合度，即具有相对的规范性和弹性变化。

· 标志是企业经营抽象精神之具体表征，代表着企业的经营理念、经营内容、产品的本质等。

· 标志(logo)必须具有良好的造型性。良好的造型不仅能大大提高 logo 在视觉传达中的识别性与记忆值，提高传达企业情报的功效，还能加强人们对企业产品或服务的信心与企业形象的认同，同时能大大提高 logo 的艺术价值，给人们以美的享受。

标志设计，必须考虑到它与其他视觉传达要素的组合运用，因此必须符合系统化、规格化、标准化的要求，做出必要的应用组合规模，以避免非系统性的分散和混乱，产生负面效果。在集团企业中，可以采用不同的图形编排组合方式，来强化关联企业系统化的精神。

技能分析

应用“渐变叠加”图层样式可以在图层内容上填充一种渐变颜色。此图层样式与在图层中填充渐变颜色的功能相同，与创建渐变填充图层的功能相似。“渐变叠加”图层样式的相关选项如图 4-60 所示。

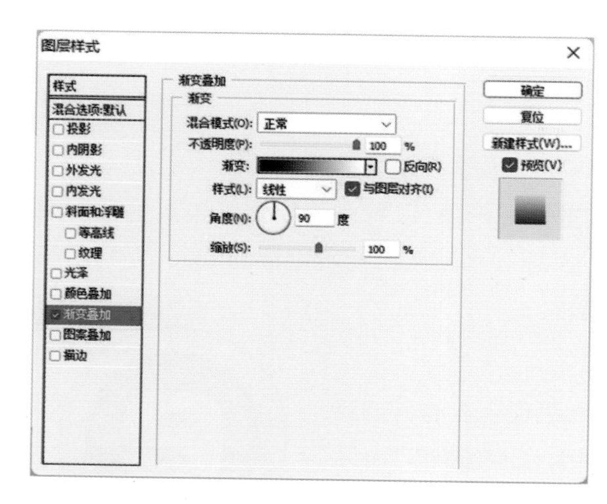

图 4-60 “渐变叠加”样式选项

· 混合模式：用来设置渐变颜色与图层中内容的混合方式。默认为“正常”。

· 不透明度：用来设置渐变颜色的不透明度。该值越低，渐变颜色在该图层上的填充效果越弱。

· 渐变：显示当前所设置的渐变颜色预览。单击渐变预览条，可以弹出“渐变编辑器”对话框，在该对话框中可以定义渐变颜色。

· 反向：选中该选项，则将所设置渐变颜色反向进行填充。默认情况下，没有选中该复选框。

· 样式：在该下拉列表中可以选择渐变颜色填充的方式，包括“线性”“径向”“角度”“对称的”“菱形”5 种方式。

· 与图层对齐：默认选中该复选框，则填充的渐变颜色将与图层中的对象对齐。

· 角度：用于设置渐变颜色填充的角度。

· 缩放：用于设置渐变颜色填充的范围。

项目实施

在本项目实例的制作过程中，首先使用“椭圆工具”和“圆角矩形工具”绘制两个图形，将这两个图形所在的图层合并，得到 logo 的轮廓图形，为该图形添加相应的图层样式；表现其质感；接着再使用“椭圆工具”绘制正圆形，为该图形添加相应的图层样式；再绘制出该 logo 图形的高光，使其更具有立体感和光质感；最后添加相应的文字，完成该 logo 的设计制作。

4.3.1 制作步骤

(1)执行“文件→新建”命令，弹出“新建”对话框，设置如图 4-61 所示，单击“确定”按钮，新建文档。新建“图层 1”，使用“椭圆工具”，在选项栏上单击“形状图层”按钮，设置前景色为“RGB:119,119,119”，在画布中绘制正圆形，如图 4-62 所示。“图层”面板如图 4-63 所示。

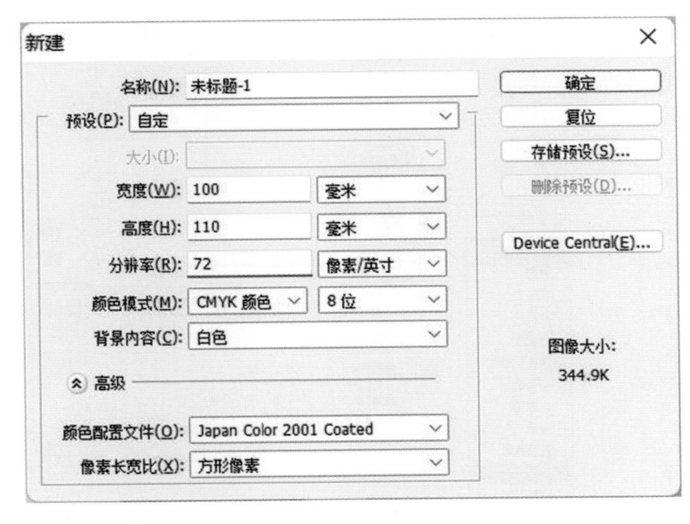

图 4-61 “新建”对话框设置

图 4-62 绘制正圆形

经验提示

使用“椭圆工具”在画布中绘制椭圆形时，如果按住 Shift 键的同时拖动鼠标，则可以绘制出正圆形。如果按住 Alt 键的同时拖动鼠标，则将以单击点为中心向四周绘制椭圆形。如果按住“Alt＋Shift”键的同时拖动鼠标，则将以单击点为中心向四周绘制正圆形。

(2)新建“图层 2”，使用“圆角矩形工具”，在选项栏上设置“半径”为 15 px，在画布中绘制圆角矩形，如图 4-64 所示。“图层”面板如图 4-65 所示。

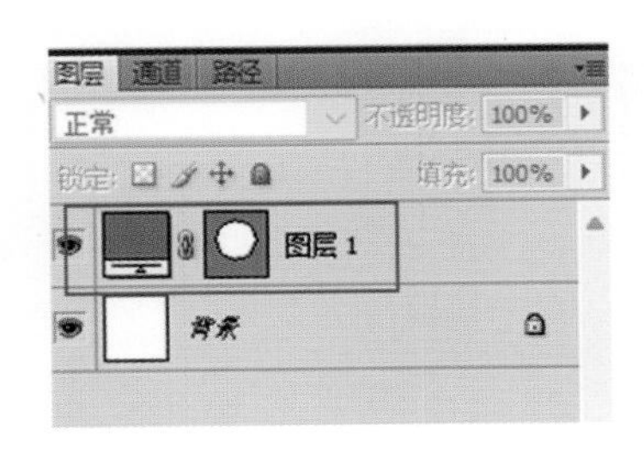

图 4-63 “图层”面板

图 4-64 绘制圆角矩形

(3)选中“图层 1”“图层 2”，合并图层得到“图层 1”，“图层”面板如图 4-66 所示。

(4)双击“图层 1”，弹出“图层样式”对话框，在左侧选择“渐变叠加”选项，单击渐变预览条，弹出“渐变编辑器”对话框，从左至右分别设置渐变滑块颜色为“RGB:255,255,255”“RGB:159,159,159”，如图 4-67 所示，单击“确定”按钮。“渐变叠加”的其他选项设置如图 4-68 所示。

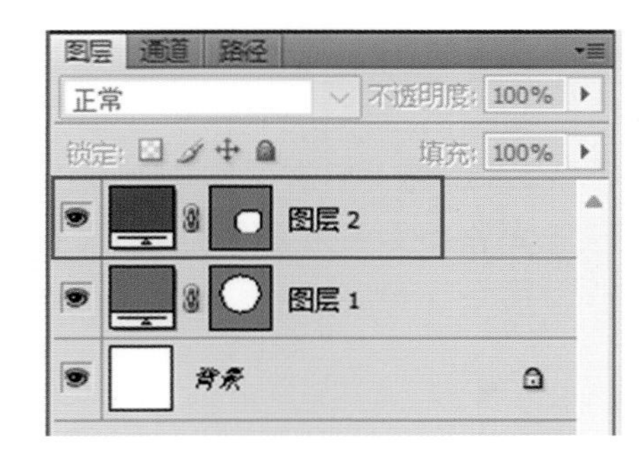

图 4-65 “图层”面板

图 4-66 合并后“图层”面板

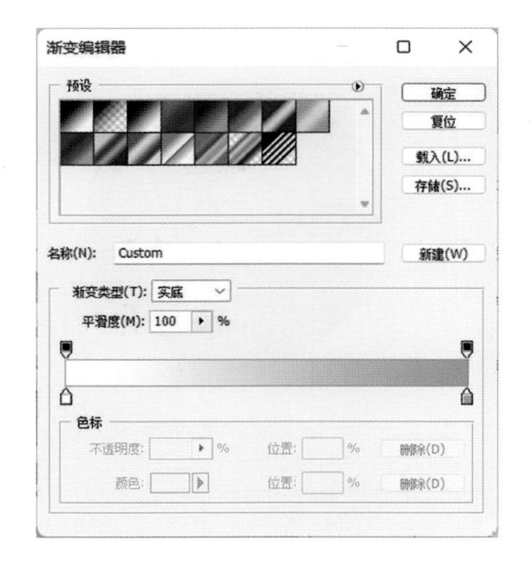

图 4-67 “渐变编辑器”对话框

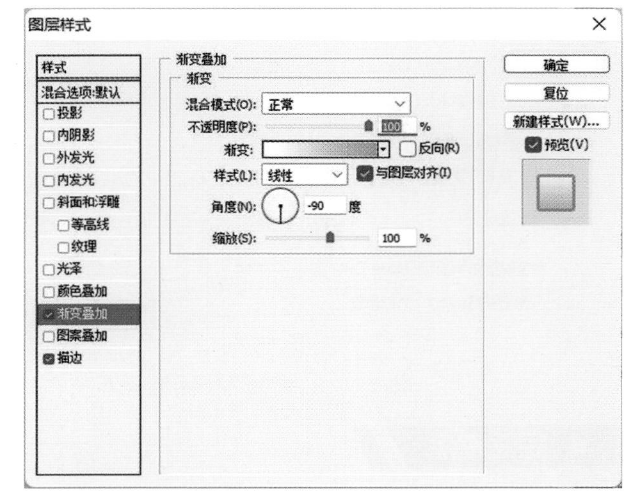

图 4-68 设置“渐变叠加”样式

(5)在“图层样式”对话框左侧选中“描边”复选框,设置描边颜色为“RGB:136,136,136”,其他设置如图 4-69 所示。单击“确定”按钮,完成“图层样式”对话框的设置,效果如图 4-70 所示。

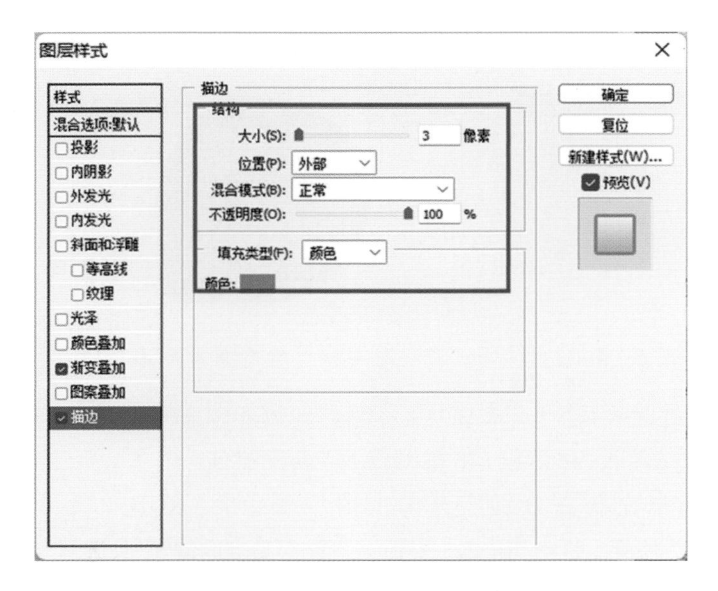

图 4-69 设置“描边”样式

图 4-70 图像效果

● 经验提示

使用“描边”样式可以为图像边缘绘制不同样式的轮廓(如颜色、渐变或图案等)为图像进行描边,此功能类似于“描边”命令,但“描边”图层样式有修改的功能,因此使用起来相当方便。

(6)新建“图层 2”,用相同方法,在画布中绘制图形,如图 4-71 所示,“图层”面板如图 4-72 所示。

(7)新建“图层 3”,使用“椭圆工具”,在选项栏上单击“形状图层”按钮,设置前景色为“RGB:236,101,26”,在画布中绘制正圆形,如图 4-73 所示。双击“图层 3”,弹出“图层样式”对话框,在左侧选中“内阴影”选项,设置内阴影颜色为“RGB:109,40,26”,其他设置如图 4-74 所示。

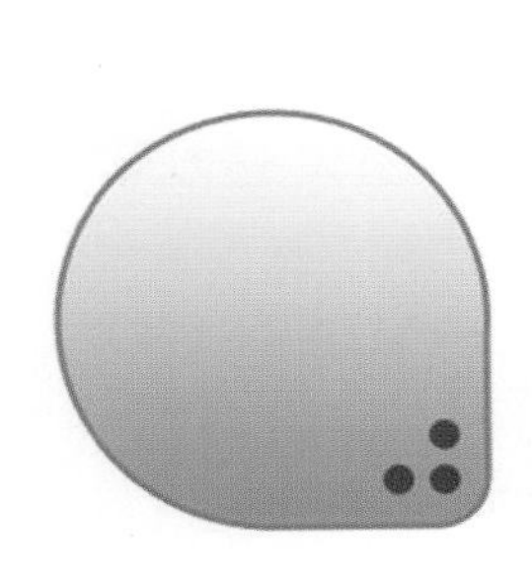

图 4-71　绘制图形效果

图 4-72　“图层”面板

图 4-73　绘制正圆形

(8)在“图层样式”对话框左侧选中“描边”复选框,设置描边颜色为“RGB:137,137,137”,其他设置如图 4-75 所示。单击“确定”按钮,完成“图层样式”对话框的设置,图像效果如图 4-76 所示。

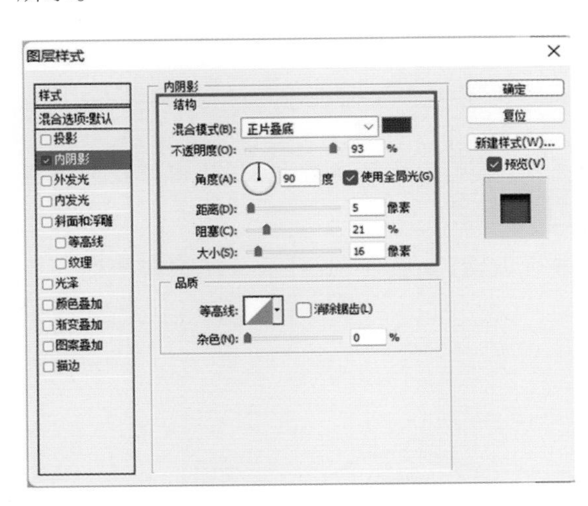

图 4-74　设置“内阴影”样式

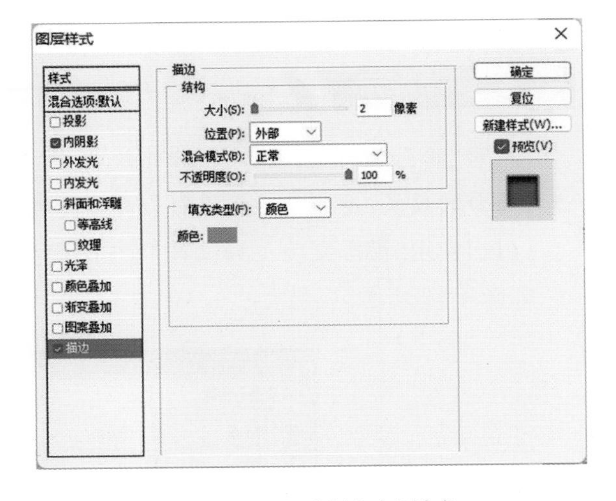

图 4-75　设置“描边”样式

(9)新建“图层 4”,使用“钢笔工具”,在选项栏上单击“形状图层”按钮,设置前景色为黑色,在画布中绘制图形,如图 4-77 所示。双击“图层 4”,弹出“图层样式”对话框,在左侧选中“渐变叠加”复选框,设置从黑色到白色的渐变,其他设置如图 4-78 所示。

图 4-76 图像效果

图 4-77 绘制图形

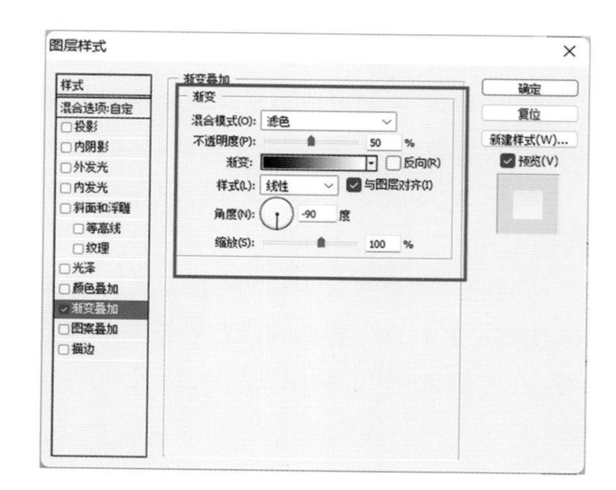

图 4-78 设置"渐变叠加"选项

(10)单击"确定"按钮,完成"图层样式"对话框的设置。设置"图层 4"的混合模式为"滤色",如图 4-79 所示,图像效果如图 4-80 所示。

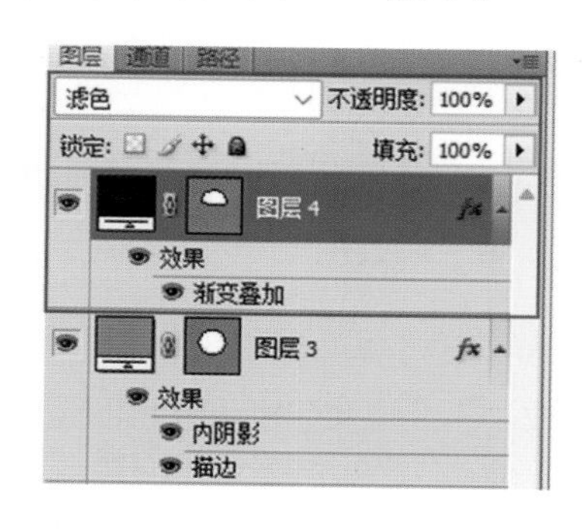

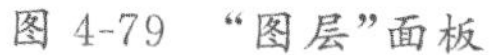

图 4-79 "图层"面板

图 4-80 图像效果

经验提示

应用"滤色"混合模式,混合后的效果与"正片叠底"模式的效果正好相反,使图像最终产生一种漂白的效果,类似于多个摄影幻灯片在彼此之上投影。

(11)使用"横排文字工具",在"字符"面板中进行设置,如图 4-81 所示。在画布中输入文字,如图 4-82 所示。

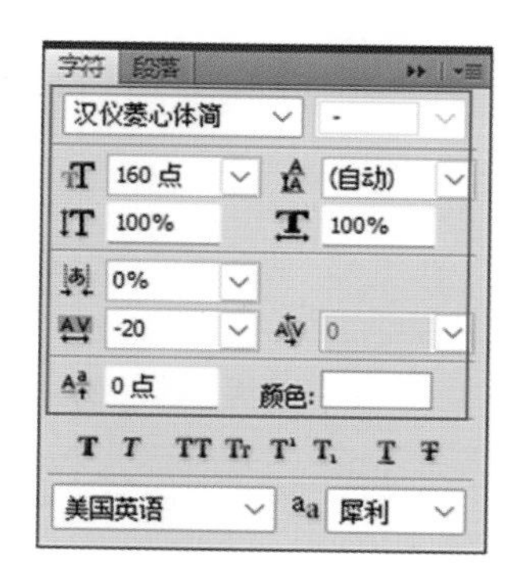

图 4-81 设置"字符"面板

图 4-82 输入文字

(12)双击文字图层，弹出“图层样式”对话框，在左侧选中“投影”复选框，设置投影颜色为“RGB:134,36,32”，其他设置如图 4-83 所示。在“图层样式”对话框左侧选中“内发光”复选框，对“内发光”样式相关选项进行设置，如图 4-84 所示。

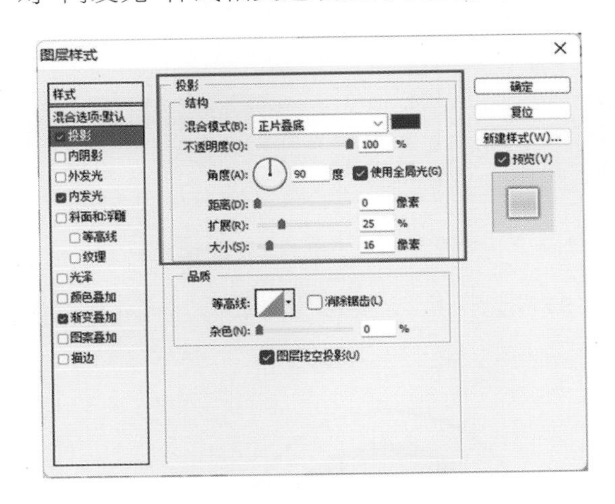

图 4-83　设置“投影”样式

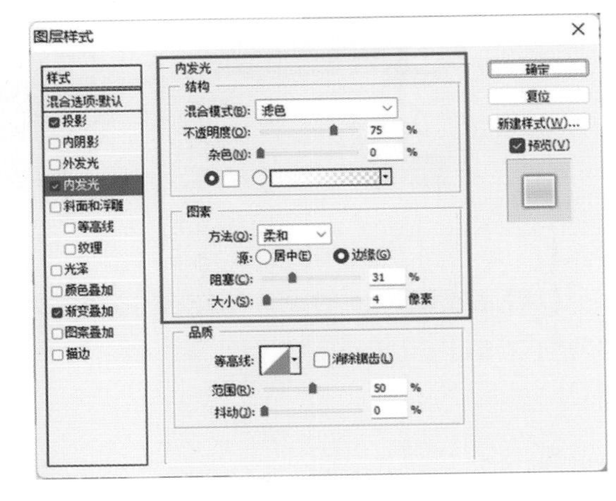

图 4-84　设置“内发光”样式

(13)在“图层样式”对话框左侧选中“渐变叠加”复选框，单击渐变预览条，弹出“渐变编辑器”对话框，从左至右分别设置渐变滑块颜色为“RGB:255,255,255”“RGB:200,200,200”“RGB:221,221,221”“RGB:180,180,180”，如图 4-85 所示。单击“确定”按钮，完成“渐变编辑器”对话框的设置。“渐变叠加”样式其他设置如图 4-86 所示。

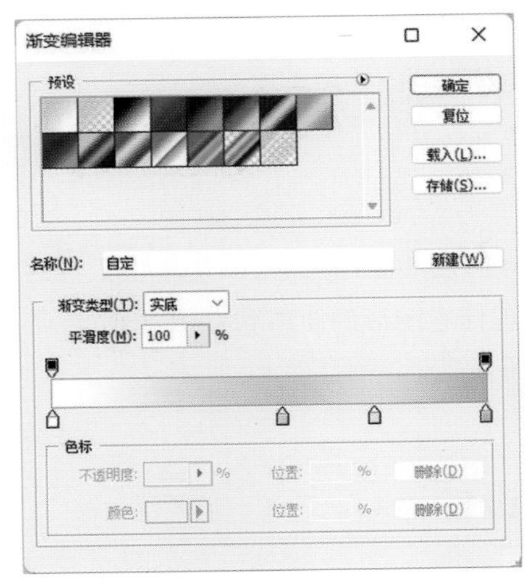

图 4-85　“渐变编辑器”对话框

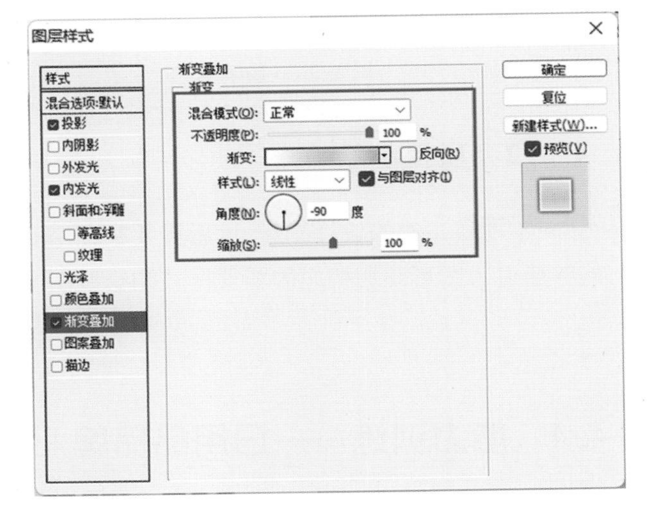

图 4-86　设置“渐变叠加”选项

(14)单击“确定”按钮，完成“图层样式”对话框的设置，将该文字图层调整至“图层 4”的下方，“图层”面板如图 4-87 所示，图像效果如图 4-88 所示。

(15)使用“横排文字工具”，在“字符”面板中进行设置，设置“颜色”为“RGB:236,98,20”，如图 4-89 所示，在画布中输入文字，如图 4-90 所示。

图 4-87 “图层”面板

图 4-88 图像效果

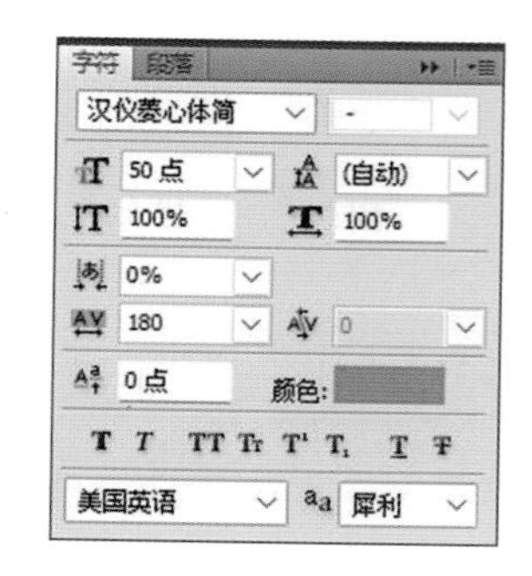

图 4-89 “字符”面板设置

(16)完成该 logo 的设计制作,最终效果如图 4-91 所示。执行“文件→存储为”命令,将其保存为“4-3. psd”。

图 4-90 输入文字

图 4-91 最终效果

4.3.2 项目小结

完成本项目实例的设计制作,读者需要掌握企业 logo 的设计制作方法,以及形状工具的使用,能够通过为图形添加相应的图层样式和绘制高光,体现标志图形的质感和立体感。

4.4 能力训练——日用品品牌 logo 设计

➤ 项目背景

本项目训练为设计一个日用品品牌 logo,运用红色和蓝色的强对比颜色作为该标志的主色调,通过颜色的对比,使得 logo 图形更具有表现力;简单的图形与富有层次感的文字相结合,突出表现该日用品品牌的特点。

➤ 项目任务

完成日用品品牌 logo 的设计制作。

项目评价

项目评价表见表 4-1。

表 4-1　项目评价表

评价项目	评价描述	评定结果		
		了解	熟练	理解
基本要求	了解 logo 设计的相关基础知识	√		
	理解 logo 的特点和设计原则			√
	掌握 logo 设计的方法和技巧		√	
综合要求	了解 logo 设计的相关基础知识，能够使用 Photoshop 中的各种功能设计制作出精美的 logo 图形			

项目要求

在本项目训练的制作过程中，读者需要注意学习 logo 图形的表现方式，以及多层次立体感文字的表现方法。制作该案例的大致步骤如下：

步骤 1　步骤 2

步骤 3　步骤 4

第5章 产品设计

随着工业的发展，工业设计也大力发展，产品设计在现在的设计领域中占有越来越重要的地位。产品在技术研发后需要推向市场，产品设计的效果图就十分重要了，它不仅仅是产品给予消费者的第一印象，也是技术与艺术的完美体现和结合。本章将向读者介绍产品设计的方法和技巧。

5.1 知识准备——音乐播放器设计

项目背景

音乐播放器是现代社会中更新换代很快的产品，此类产品品牌要想在各种各样的相关产品中展示自己的特色，让消费者在茫茫的产品海洋中找到自己的产品，就需要在产品的外观设计上下功夫。本项目实例将带领读者完成一个音乐播放器的设计。

项目任务

完成音乐播放器的设计制作。

项目分析

随着音乐播放器制造技术的不断完善，越来越多的音乐播放器厂商开始关注产品之间的差异化，造型的设计成为音乐播放器厂商们关注的焦点。本项目实例所绘制的音乐播放器采用蓝色发光的触控键，使产品具有独特的魅力。

设计构思

在本项目实例的设计中，运用蓝色作为主色调，给人一种年轻、忧郁的感觉，并且能够体现出科技感；在产品的设计中力求简约，通过触控光感按钮和发光文字的配合，使得产品能够更加吸引年轻、时尚的人群。本实例的最终效果如图 5-1 所示。

图 5-1　最终效果

设计师提示

产品设计是针对新产品的全方位设计。一个新产品的诞生，要从开始的定位到设定方案，再到最终的产品生产。在方案完成后，常会绘制产品的效果图来展现产品的特征，这个环节是十分重要的。下面向读者简单介绍产品设计的原则和产品设计的要点。

1. 产品设计原则

(1)调和与对比法则。

调和与对比法则是指协调产品的整体与局部、局部与局部之间的相互关系。产品的质感设

计应按审美的基本原则进行配比，才能获得较好的视觉效果。本法则的实质就是构图与色彩的和谐。

(2)主从法则。

主从法则其实是强调产品在质感设计上要有侧重，也是指产品的材料表现在进行配比时要突出重点，主次分明，不能杂乱无章，毫无中心。

2. 产品设计的要点

· 提高产品的适用性。

· 增加外表的装饰性。

· 塑造产品的个性品位。

· 达到产品的多样性和经济性。

· 创造全新的产品风格。

➤技能分析

使用“矩形工具”可以绘制长方形或正方形。单击工具箱中的“矩形工具”按钮，在画布中单击并拖动鼠标即可创建矩形。“矩形工具”的选项栏如图 5-2 所示。单击选项栏上的“几何选项”按钮，弹出“矩形选项”对话框，如图 5-3 所示。

图 5-2 “矩形工具”的选项栏

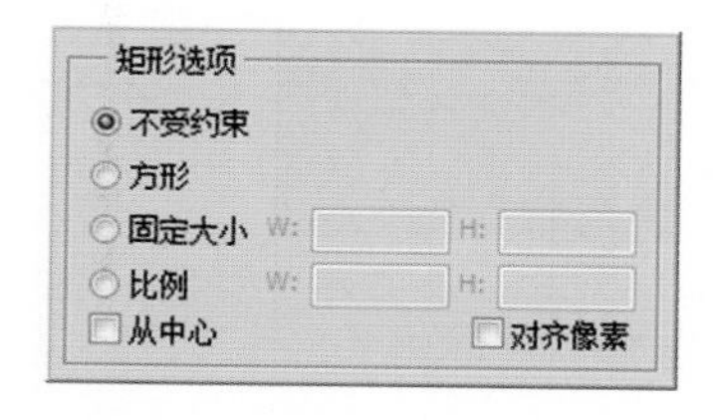

图 5-3 “矩形选项”对话框

在“矩形选项”对话框中可以设置矩形的创建方法，各选项介绍如下：

· 不受约束：选中该单选按钮，可以在画布中绘制任意大小的矩形，包括正方形。

· 方形：选中该单选按钮，可以绘制任意大小的正方形。

· 固定大小：选中该单选按钮，可以在它右侧的“W”文本框中输入所绘制矩形的宽度，在“H”文本框中输入所绘制矩形的高度，然后在画布中单击鼠标，即可绘制出固定尺寸的矩形。

· 比例：选中该单选按钮，可以在它右侧的“W”和“H”文本框中分别输入所绘制矩形的宽度和高度的比例，这样就可以绘制出任意大小但宽度和高度保持一定比例的矩形。

· 从中心：选中该复选框，鼠标在画布中的单击点即为所绘制矩形的中心点，绘制时矩形由中心向外扩展。

· 对齐像素：选中该复选框，矩形的边缘与像素的边缘重合，图像的边缘清晰。如果不选中该复选框，则边缘会出现模糊的像素。

使用“圆角矩形工具”可以绘制圆角矩形。单击工具箱中的“圆角矩形工具”按钮，在画布中单击并拖动鼠标即可绘制圆角矩形。“圆角矩形工具”的选项栏如图 5-4 所示，它的选项设置与“矩形工具”的选项设置基本相同，只是多了一个“半径”选项。

· 半径:该选项用来设置所绘制的圆角矩形的圆角半径,该值越大,圆角越明显。

图 5-4 “圆角矩形工具”的选项栏

➤ 项目实施

在本项目实例的制作过程中,首先置入背景素材,使用“圆角矩形工具”绘制圆角矩形并填充渐变颜色;再添加相应的图层样式,制作出产品的外观轮廓;然后使用“圆角矩形工具”和“钢笔工具”相结合,绘制出产品的屏幕和高光;最后,输入相应的文字并绘制按钮图形,添加相应的图层样式,完成该产品的绘制。

5.1.1 制作步骤

(1)执行“文件→新建”命令,弹出“新建”对话框,设置如图 5-5 所示,单击“确定”按钮,新建文档。执行“文件→置入”命令,将素材图像“1714301.jpg”置入文档中,如图 5-6 所示。

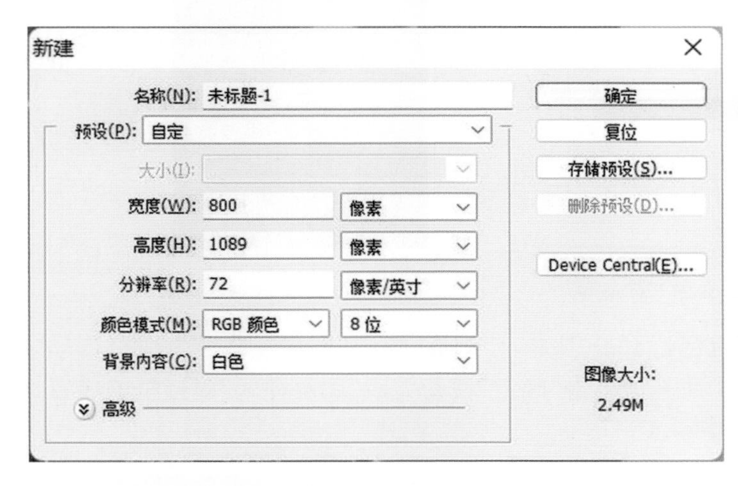

图 5-5 设置“新建”对话框

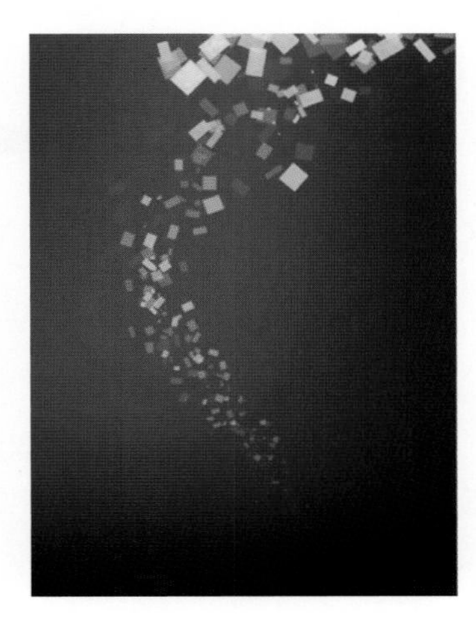

图 5-6 置入素材

经验提示

可以通过“置入”的方式置入素材图像,也可以打开该素材图像,将素材图像复制到图像文档中。

(2)确定素材的置入,执行“图层→栅格化→图层”命令,将图层栅格化,并将该图层重命名为“背景”。单击“创建新组”按钮 新建组,将该组重命名为“主体”,在该组中新建图层,并重命名为“主体 1”,“图层”面板如图 5-7 所示。点选“圆角矩形工具”,在选项栏上设置“半径”值为 10 px,在画布上绘制圆角矩形路径,按快捷键“Ctrl + Enter”,将路径转换为选区,如图 5-8 所示。

(3)点选“渐变工具”,在选项栏上单击渐变预览条,弹出“渐变编辑器”对话框,从左向右分别设置渐变滑块颜色为“RGB:80,80,80”“RGB:40,40,40”,如图 5-9 所示。单击“确定”按钮,在选区中拖动鼠标填充线性渐变,如图 5-10 所示。

图 5-7 “图层”面板

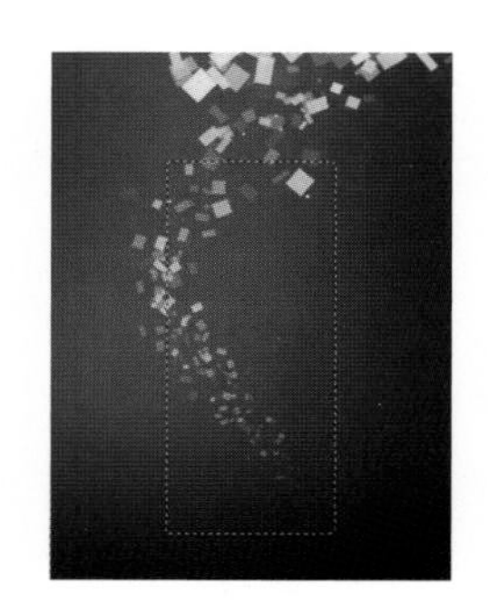

图 5-8 路径转换为选区

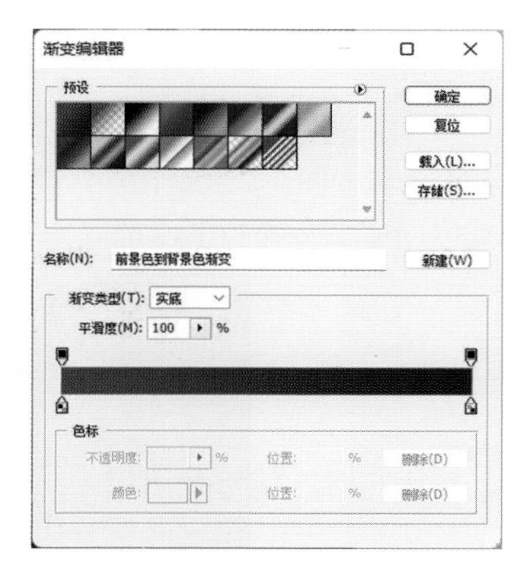

图 5-9 设置“渐变编辑器”对话框

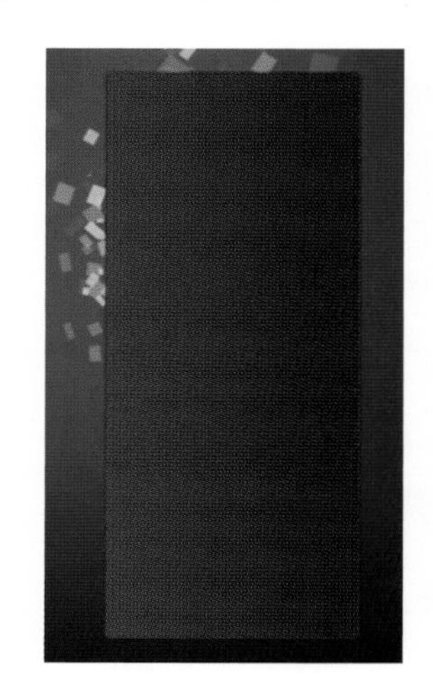

图 5-10 填充线性渐变

(4)按快捷键“Ctrl+D”,取消选区。双击“主体 1”图层,弹出“图层样式”对话框,选择“斜面和浮雕”图层样式,设置如图 5-11 所示。单击“确定”按钮完成“图层样式”对话框的设置,图像效果如图 5-12 所示。

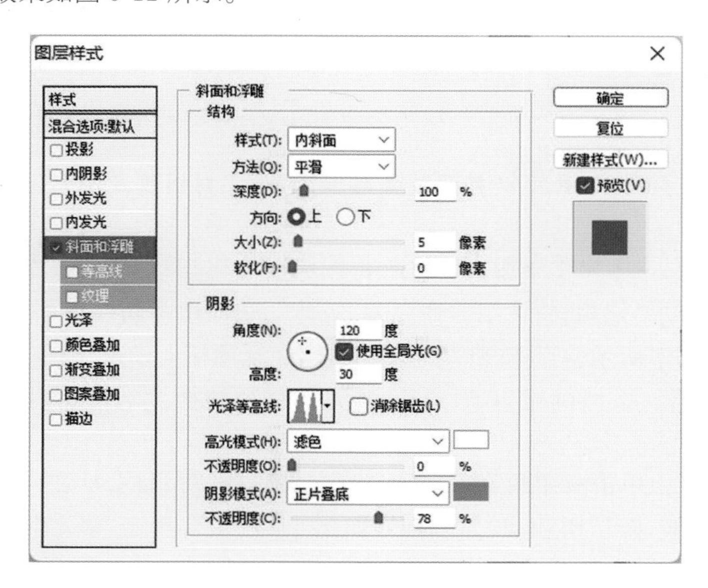

图 5-11 设置“斜面和浮雕”图层样式

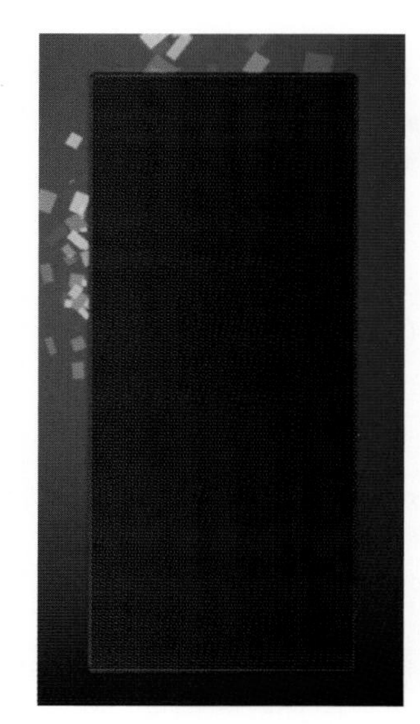

图 5-12 图像效果

(5)新建图层并重命名为“主体 2”，点选“圆角矩形工具”，在选项栏上设置“半径”为 7 px，在画布上绘制圆角矩形路径，按快捷键“Ctrl＋Enter”，将路径转换为选区，设置前景色为“RGB:0,0,0”，按快捷键“Alt＋Delete”，填充前景色，如图 5-13 所示。按快捷键“Ctrl＋D”取消选区。复制“主体 2”图层，并将复制得到的图层重命名为“高光”，使用“钢笔工具”，在画布上绘制路径，如图 5-14 所示。

(6)按快捷键“Ctrl＋Enter”将路径转换为选区。选择“高光”图层，按 Delete 键，将选区中的图像删除，按快捷键“Ctrl＋D”取消选区。双击“高光”图层，弹出“图层样式”对话框，选择“渐变叠加”图层样式，单击渐变预览条，弹出“渐变编辑器”对话框，从左向右分别设置渐变滑块颜色为“RGB:183,183,183”“RGB:255,255,255”，如图 5-15 所示，单击“确定”按钮，其他设置如图 5-16 所示。

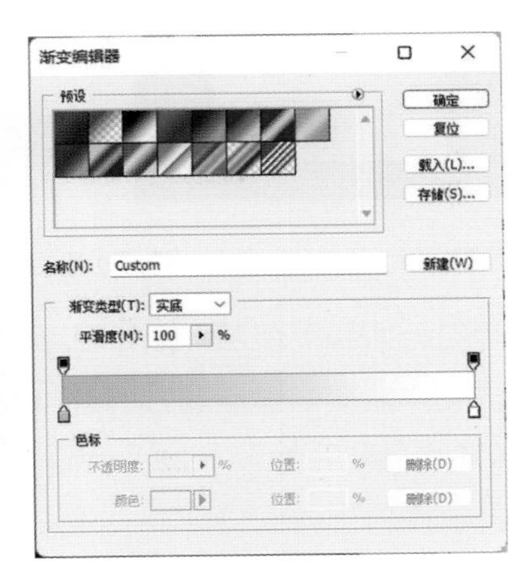

图 5-13　填充前景色　　图 5-14　绘制路径　　图 5-15　设置“渐变编辑器”对话框

(7)单击“确定”按钮，完成“图层样式”对话框的设置，图像效果如图 5-17 所示。新建图层并重命名为“主体 3”，点选“圆角矩形工具”，在选项栏上设置“半径”为 7 px，在画布上绘制圆角矩形路径，按快捷键“Ctrl＋Enter”，将路径转换为选区，设置前景色为“RGB:255,255,255”，按快捷键“Alt＋Delete”，填充前景色，如图 5-18 所示。

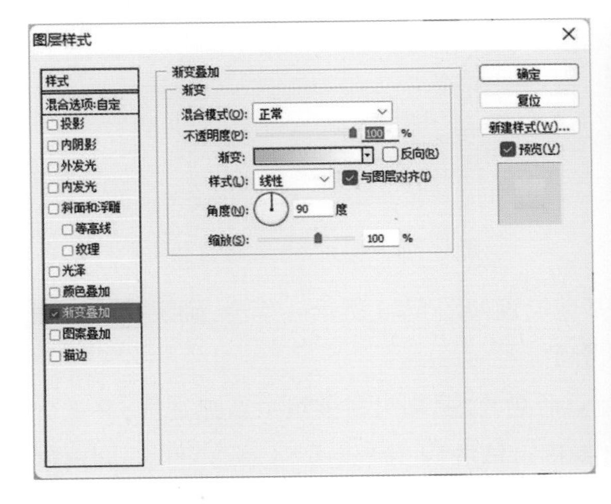

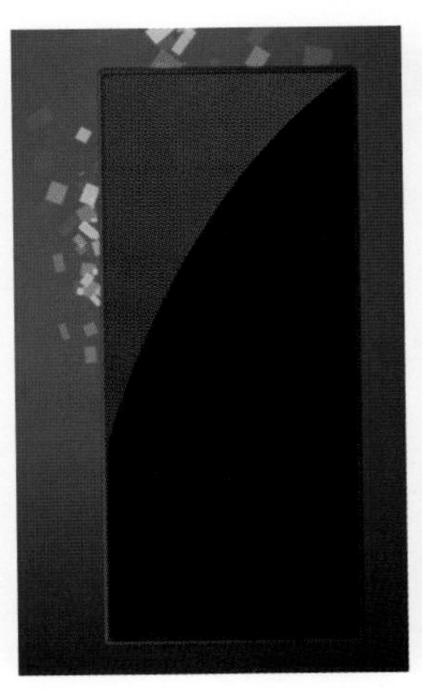

图 5-16　设置“渐变叠加”样式　　图 5-17　图像效果　　图 5-18　绘制圆角矩形并填充前景色

(8)用相同的方法,在该图层中绘制另一个圆角矩形,如图 5-19 所示。双击“主体 3”图层,弹出“图层样式”对话框,选择“外发光”图层样式,设置如图 5-20 所示。

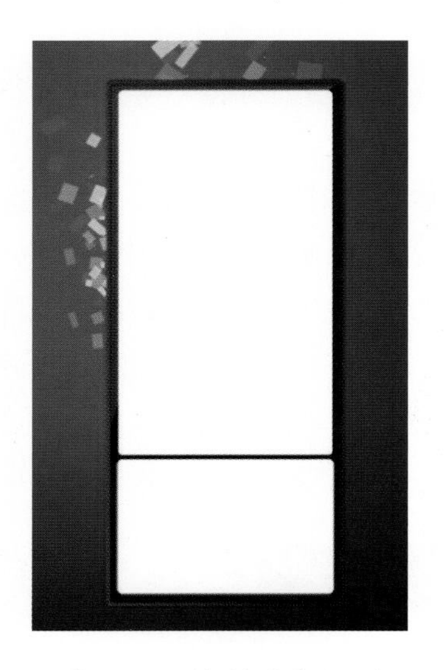

图 5-19　绘制圆角矩形

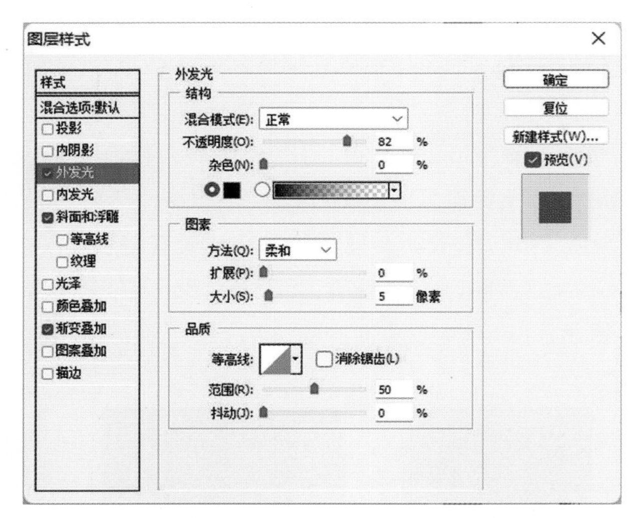

图 5-20　设置“外发光”样式

(9)选择“斜面和浮雕”图层样式,设置如图 5-21 所示。选择“渐变叠加”图层样式,单击渐变预览条,弹出“渐变编辑器”对话框,从左向右分别设置渐变滑块颜色为“RGB:255,255,255”“RGB:186,186,186”,如图 5-22 所示。

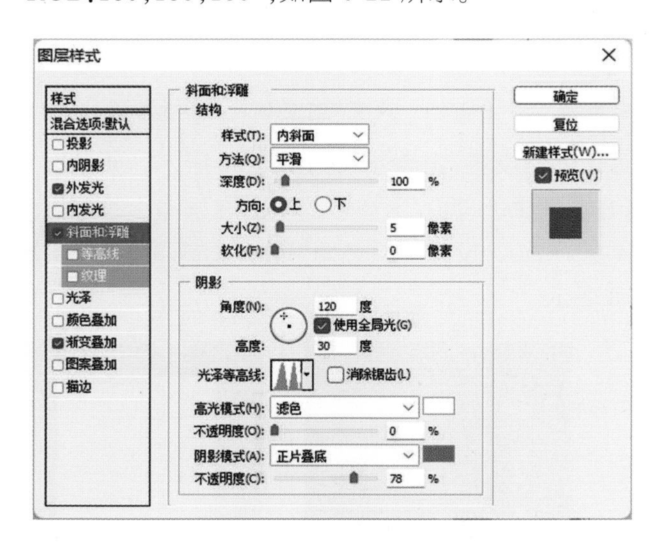

图 5-21　设置“斜面和浮雕”样式

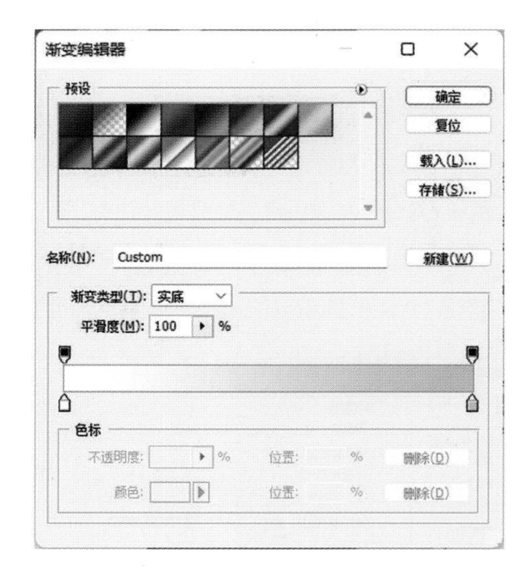

图 5-22　设置“渐变编辑器”对话框

(10)单击“确定”按钮,“渐变叠加”图层样式其他设置如图 5-23 所示。单击“确定”按钮,完成“图层样式”对话框的设置,图像效果如图 5-24 所示。

(11)单击“创建新组”按钮 新建组,将该组重命名为“屏幕”,在该组中新建图层,并重命名为“遮罩”,“图层”面板如图 5-25 所示。按 Ctrl 键同时单击“主体”组中“主体 3”图层,调出该层的选区,执行“选择→修改→收缩”命令,弹出“收缩选区”对话框,设置“收缩量”为 4 像素,单击“确定”按钮,设置前景色为“RGB:0,0,0”,按快捷键“Alt＋Delete”,填充前景色,图像效果如图 5-26 所示。

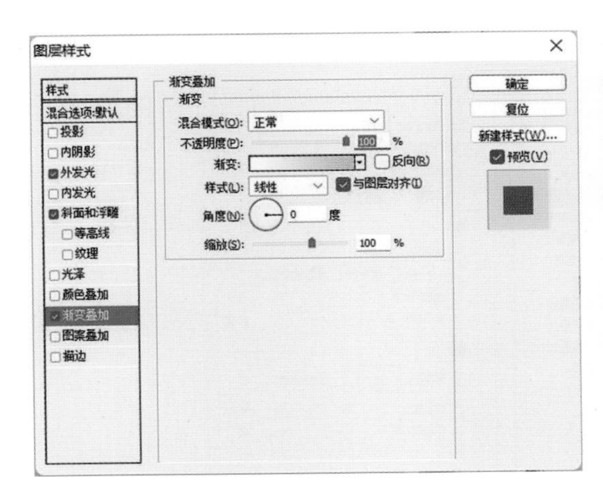

图 5-23 设置“渐变叠加”样式

图 5-24 图像效果

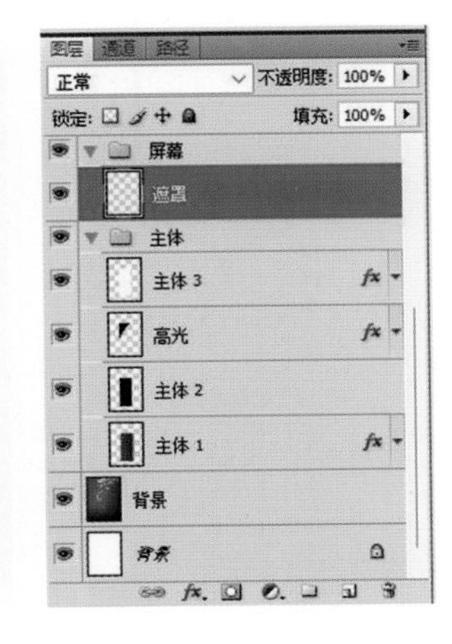

图 5-25 “图层”面板

(12)在“屏幕”组中新建图层，将该层重命名为“屏幕”。使用“圆角矩形工具”，在面板上绘制圆角矩形路径，按快捷键“Ctrl＋Enter”将路径转换为选区，如图 5-27 所示。点选“渐变工具”，在选项栏上单击渐变预览条，弹出“渐变编辑器”对话框，从左向右分别设置渐变滑块颜色为“RGB:0,113,187”“RGB:0,113,187”“RGB:0,44,114”“RGB:0,10,37”，如图 5-28 所示。

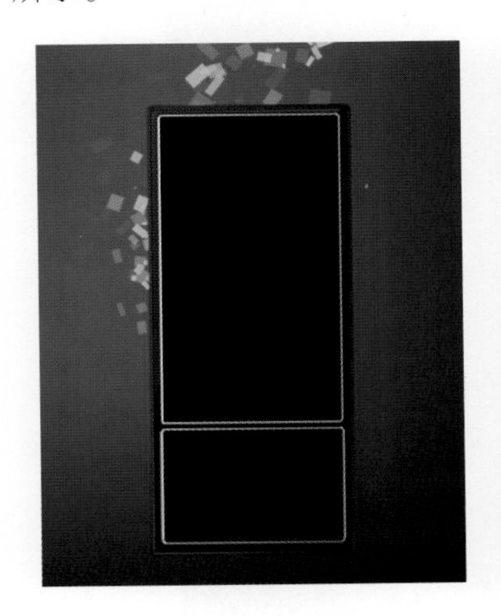

图 5-26 填充前景色

图 5-27 路径转换为选区

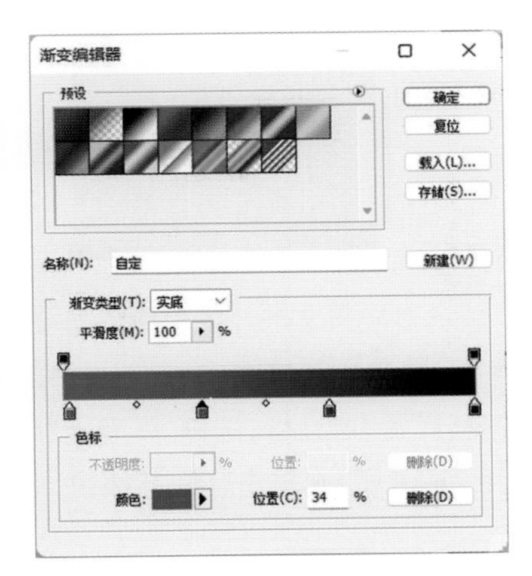

图 5-28 “渐变编辑器”对话框设置

(13)单击“确定”按钮，在选区中拖动鼠标填充线性渐变，如图 5-29 所示。按快捷键“Ctrl＋D”，取消选区，执行“图层→创建剪贴蒙版”命令，图像效果如图 5-30 所示。

(14)双击“屏幕”组中的“遮罩”图层，弹出“图层样式”对话框，选择“内发光”图层样式，设置如图 5-31 所示。单击“确定”按钮，完成“图层样式”对话框的设置，图像效果如图 5-32 所示。

(15)在“屏幕”组上方新建组，将该组重命名为“歌曲介绍”，在该组中新建图层并重命名为“专辑封面”，“图层”面板如图 5-33 所示。执行“文件→置入”命令，将素材图像“714302.jpg”置入画布中，如图 5-34 所示。

图 5-29　应用渐变填充

图 5-30　图像效果

图 5-31　设置"内发光"样式

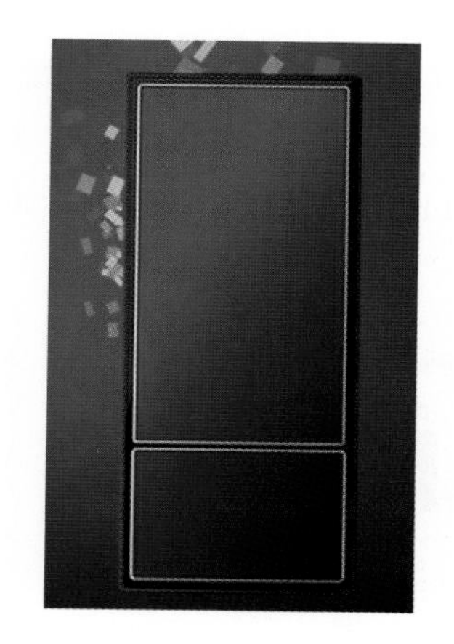

图 5-32　图像效果

图 5-33　"图层"面板

图 5-34　置入图像

(16)确定素材置入,执行"图层→栅格化→图层"命令,将图层栅格化。双击该图层,弹出"图层样式"对话框,选择"外发光"图层样式,设置外发光颜色为"RGB:159,216,255",其他设置如图 5-35 所示,单击"确定"按钮,完成"图层样式"对话框的设置,图像效果如图 5-36 所示。

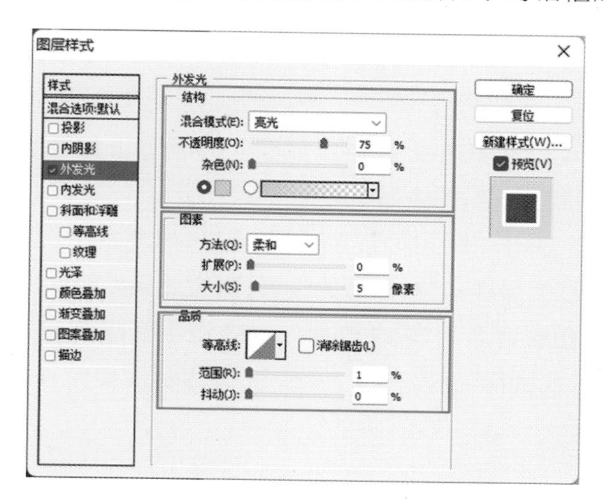

图 5-35　设置"外发光"样式

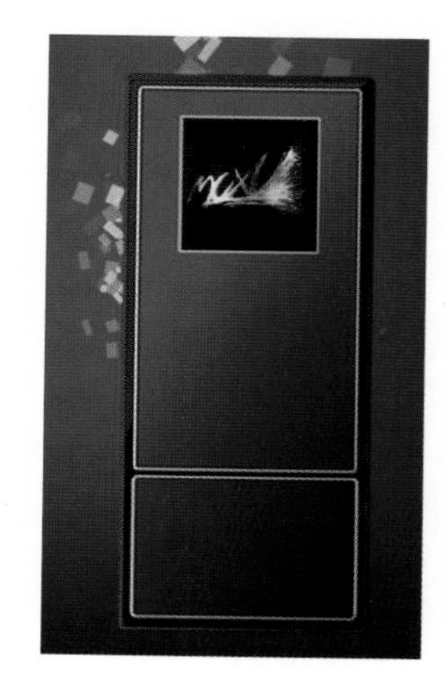

图 5-36　图像效果

(17)使用“横排文字工具”，在面板中单击输入文字，效果如图 5-37 所示。选择刚才的文字图层，执行“图层→栅格化→文字”命令，将文字栅格化。双击该图层，弹出“图层样式”对话框，选择“外发光”图层样式，设置如图 5-38 所示。

(18)单击“确定”按钮，完成“图层样式”对话框的设置，效果如图 5-39 所示。在“歌曲介绍”组上方新建组，将该组重命名为“高光”，在该组中新建图层，并重命名为“高光 1”，“图层”面板如图 5-40 所示。

图 5-37　输入文字效果

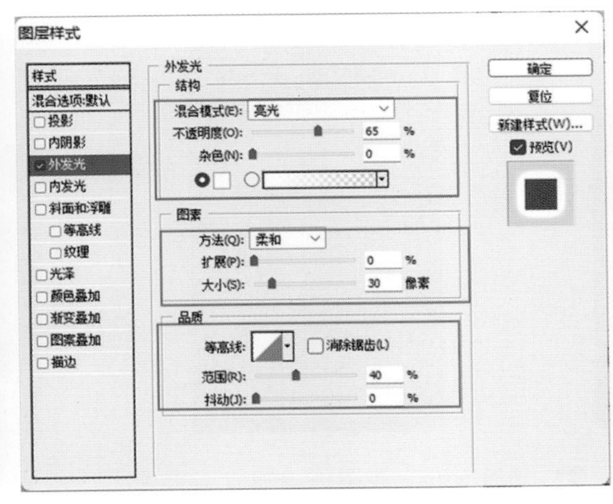

图 5-38　设置“外发光”样式

图 5-39　文字效果

(19)按 Ctrl 键同时单击“屏幕”组中“遮罩”图层，调出该图层的选区，设置前景色为“RGB：255，255，255”，按快捷键“Alt＋Delete”，填充前景色，如图 5-41 所示。使用“钢笔工具”，在画布上绘制路径，并按快捷键“Ctrl＋Enter”，将路径转换为选区，如图 5-42 所示。

图 5-40　“图层”面板

图 5-41　填充前景色

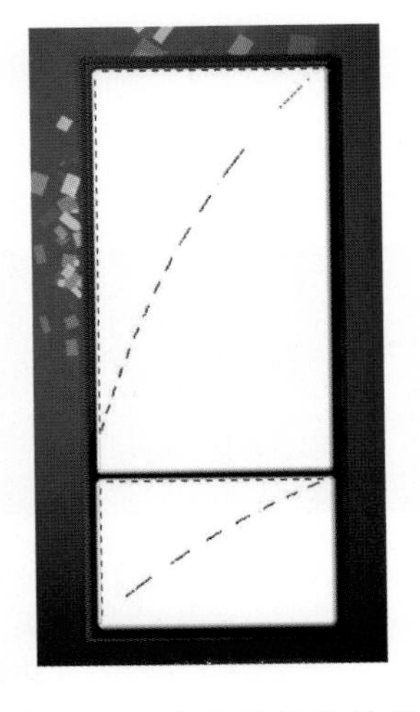

图 5-42　路径转换为选区

经验提示

在使用“钢笔工具”绘制路径的过程中，如果按住 Ctrl 键可以将正在使用的“钢笔工具”临时转换为“直接选择工具”；如果按住 Alt 键，可以将正在使用的“钢笔工具”临时转换为“转换点工具”。

(20)按 Delete 键,删除选区中图像,如图 5-43 所示。按快捷键“Ctrl+D”取消选区,在“图层”面板上设置“不透明度”为 10%,效果如图 5-44 所示。

(21)在“高光”组上方新建组,将该组重命名为“进度条”,在该组中新建图层,并重命名为“进度条 1”,“图层”面板如图 5-45 所示。点选“矩形选框工具”,设置前景色为“RGB:255,255,255”,在面板上绘制多个矩形,并填充前景色,效果如图 5-46 所示。

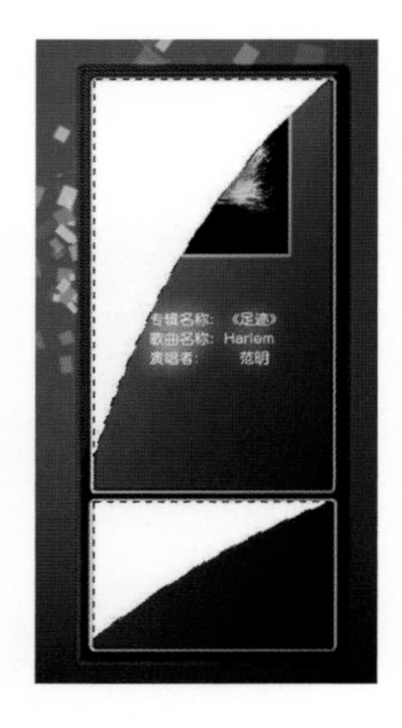

图 5-43 删除选区中图像

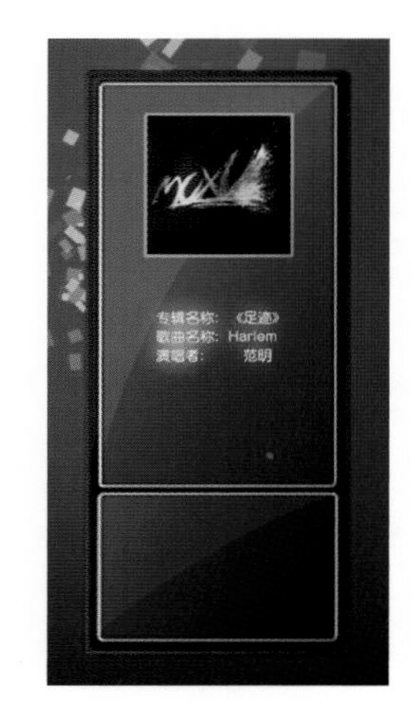

图 5-44 设置不透明度后效果

图 5-45 “图层”面板

(22)双击“进度条 1”图层,弹出“图层样式”对话框,选择“外发光”图层样式,设置如图 5-47 所示。单击“确定”按钮,完成“图层样式”对话框的设置,图像效果如图 5-48 所示。

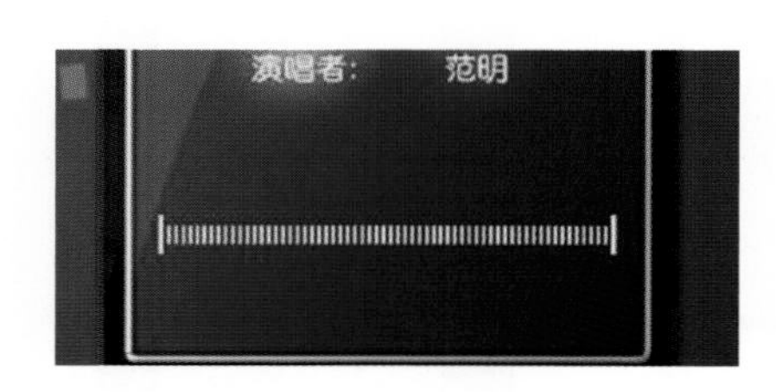

图 5-46 绘制矩形并填充前景色

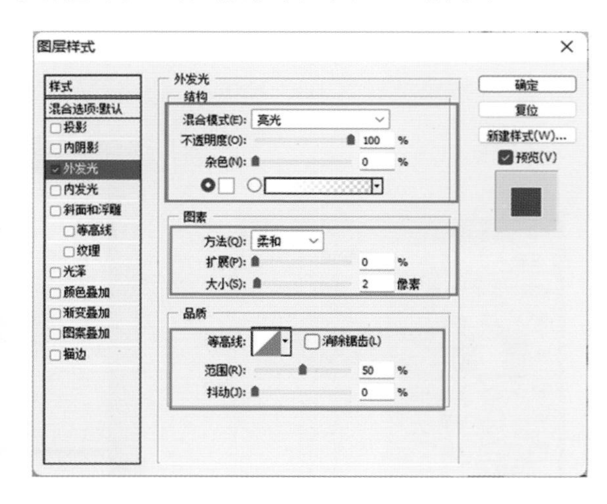

图 5-47 设置“外发光”样式

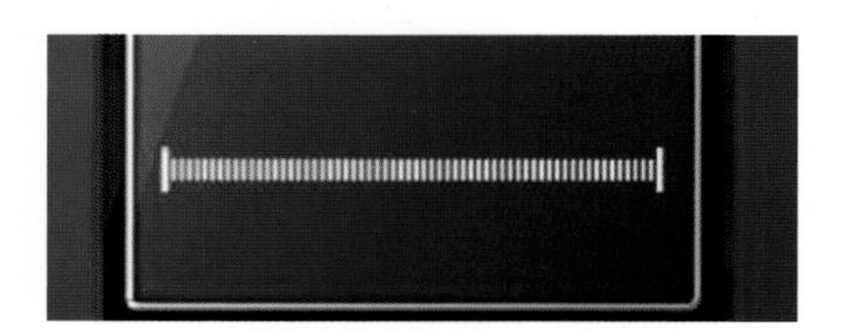

图 5-48 图像效果

(23)使用“矩形选框工具”，在画布上绘制矩形选区，如图 5-49 所示。执行“图层→新建→通过拷贝的图层”命令，将选区中的图像拷贝到新建图层中，并将拷贝来的图层重命名为“进度条 2”，“图层”面板如图 5-50 所示。

(24)在“进度条”组中新建图层，并重命名为“控制点”，“图层”面板如图 5-51 所示。使用“矩形选框工具”，在画布上绘制矩形选区，设置前景色为“RGB:255,255,255”，按快捷键“Alt+Delete”填充前景色，如图 5-52 所示。双击“控制点”图层，弹出“图层样式”对话框，选择“外发光”图层样式，设置外发光颜色为“RGB:159,216,255”，其他设置如图 5-53 所示。

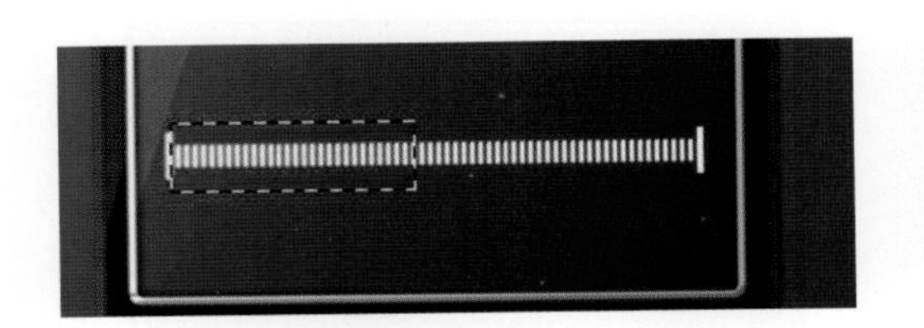

图 5-49　绘制矩形选区

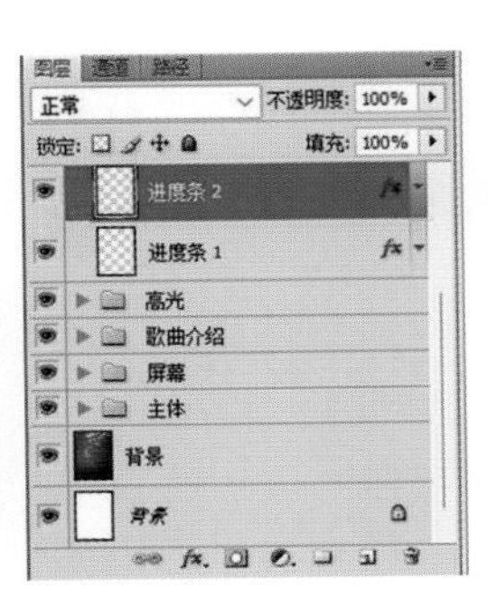

图 5-50　“图层”面板

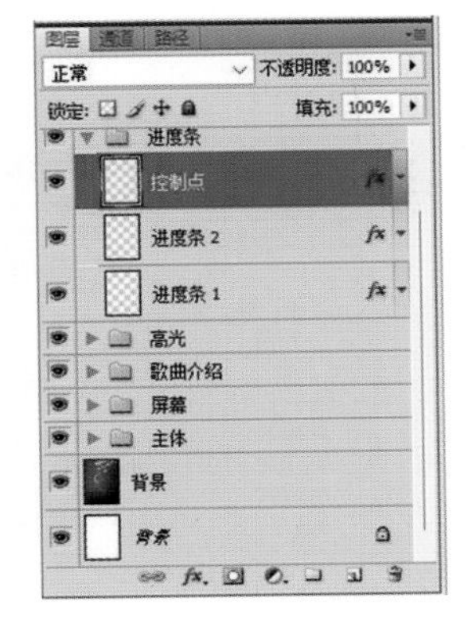

图 5-51　“图层”面板

图 5-52　绘制矩形并填充前景色

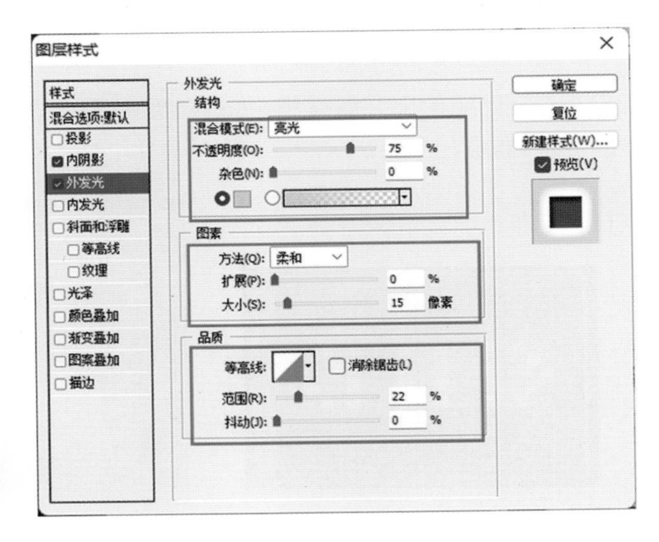

图 5-53　设置“外发光”样式

(25)单击“确定”按钮，完成“图层样式”对话框的设置，效果如图 5-54 所示。在“进度条”组的上方新建组，将该组重命名为“按钮”，在该组中新建图层，并重命名为“暂停/播放”。

(26)使用“矩形选框工具”，设置前景色为“RGB:255,255,255”，在画布上绘制多个矩形，并填充前景色，效果如图 5-55 所示。双击“暂停/播放”图层，弹出“图层样式”对话框，选择“外发光”图层样式，设置外发光颜色为“RGB:159,216,255”，其他设置如图 5-56 所示。

(27)单击“确定”按钮，图像效果如图 5-57 所示。用相同的方法，绘制其他图像，如图 5-58 所示。

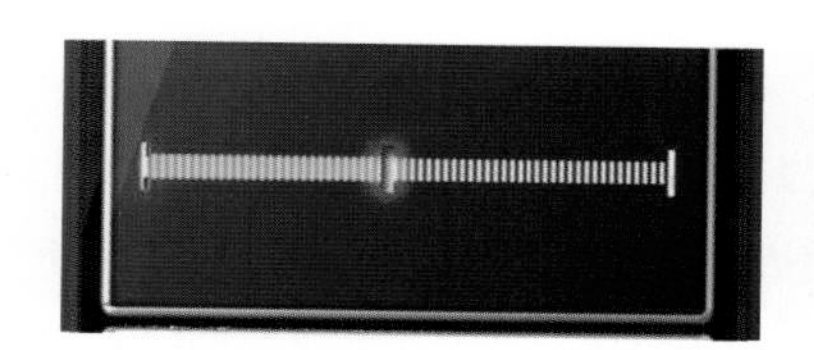

图 5-54　图像效果

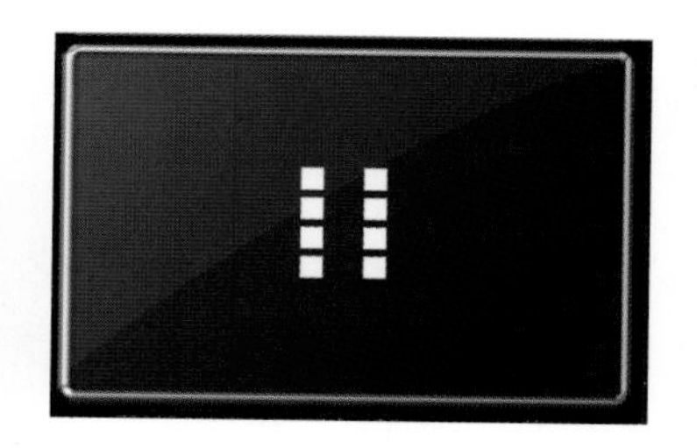

图 5-55　绘制矩形并填充前景色

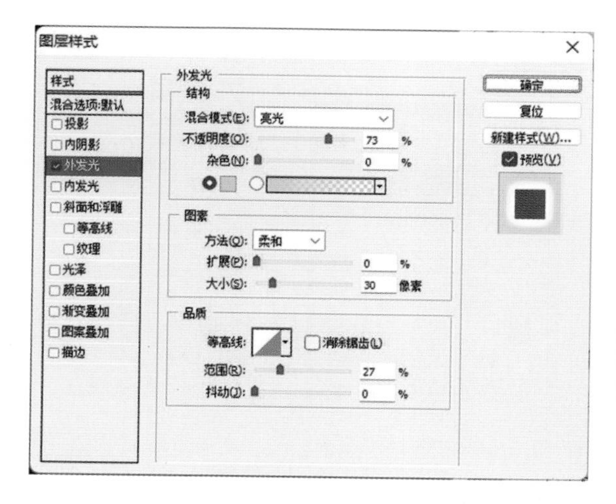

图 5-56　设置“外发光”样式

图 5-57　图像效果

(28)在“按钮”组的上方新建组,将该组重命名为“光线”,在该组中新建图层,并重命名为“光线”,“图层”面板如图 5-59 所示。使用“钢笔工具”,在画布上绘制路径,如图 5-60 所示。

图 5-58　绘制其他图像效果

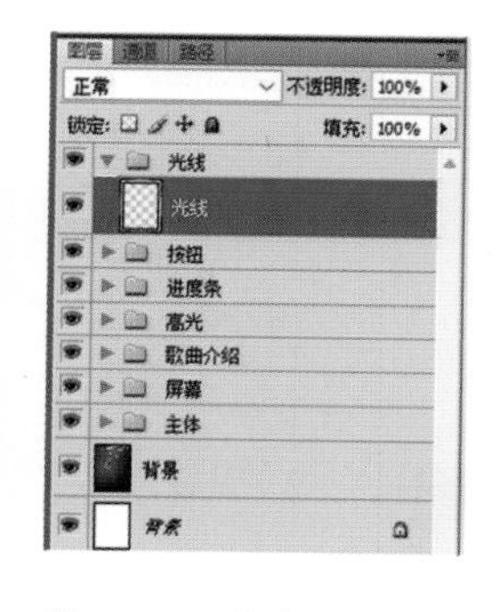

图 5-59　“图层”面板

图 5-60　绘制路径

经验提示

“钢笔工具”是 Photoshop 中功能极为强大的绘图工具,它主要有两种用途:一是绘制矢量图形;二是选取对象。在作为选取工具使用时,“钢笔工具”绘制的轮廓光滑、准确,通过将路径转换为选区可以准确地选择对象。

(29)按快捷键“Ctrl+Enter”将路径转换为选区,设置前景色为“RGB:255,255,255”,按快捷键“Alt+Delete”,填充前景色,如图 5-61 所示。双击“光线”图层,弹出“图层样式”对话框,选择“外发光”图层样式,设置如图 5-62 所示。

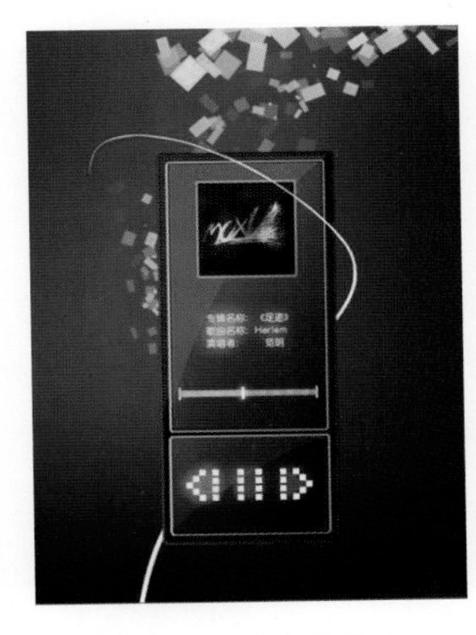

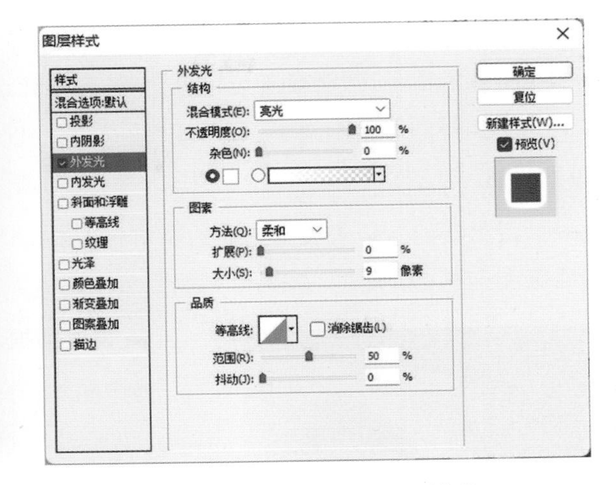

图 5-61　填充前景色　　　　图 5-62　设置"外发光"样式

(30)单击"确定"按钮,完成"图层样式"对话框的设置,"图层"面板如图 5-63 所示。完成该音乐播放器产品的绘制,最终效果如图 5-64 所示。执行"文件→存储"命令,将文件保存为"5-1. psd"。

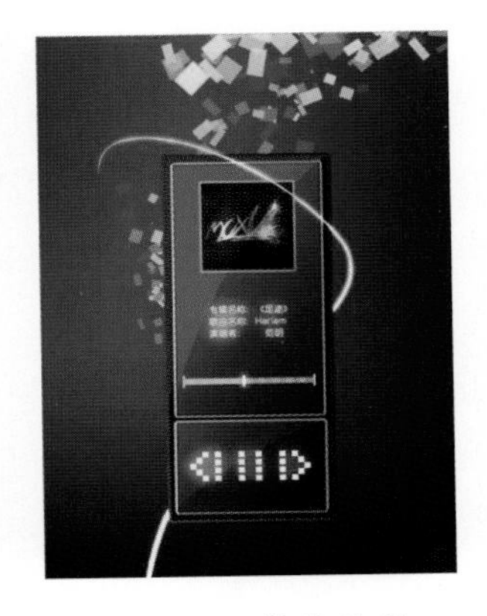

图 5-63　"图层"面板　　　　图 5-64　最终效果

5.1.2　项目小结

完成本项目实例的设计制作,读者需要掌握如何使用图层样式来实现图像质感和光感的表现,并且能够熟练使用 Photoshop 中的各种绘图工具绘制出理想的图形。

5.2　知识准备——无线鼠标造型设计

➢ 项目背景

鼠标是我们在日常工作中几乎每天都需要接触到的产品,不同品牌鼠标的外观和颜色都非常接近。本项目实例将带领读者完成一个无线鼠标的造型设计。

➢ 项目任务

完成无线鼠标的造型设计制作。

项目分析

我们经常见到的鼠标，大多是灰色或黑色的，在设计这类产品的时候，最重要的就是能够表现出产品的质感和不同部分的光感，这样才能够给人一种真实的感觉。

设计构思

产品设计最重要的就是表现出产品的真实感，在本实例的设计过程中，运用多种方式来体现鼠标的质感和光感，力求使其表现得更加自然和真实。本实例的最终效果如图 5-65 所示。

图 5-65　最终效果

设计师提示

为产品赋予良好的质感，可以使产品的适用性获得提高。如在电子产品的外形设计中，具有细小颗粒表面的亚光塑料普遍受到客户喜爱。传统的塑料往往表面光滑，反光强，相比而言，新型亚光塑料粗糙无光的表面摆脱了传统塑料给人带来的廉价感，无论从视觉还是触觉上，都给人带来愉快的感觉；尤其在触觉上，具有良好手感的产品使人更加乐于触摸、使用。

形成质感的重要部分就是视觉体现。出色的视觉效果设计，可以提高产品设计整体的装饰性。材料色彩的搭配、肌理的统一、光泽的配比，都属于视觉设计范畴，可表达出强烈的材质美感。例如结合了科学性和艺术性的各种表面装饰工艺，美化装饰了产品的外观，给人以丰富的视觉质感享受。

质感体现了产品的个性和品位，良好的制造工艺是体现质感效果的前提条件，而良好的质感设计也体现了产品的工艺美和技术美。因此，在产品设计中材质形象设计要具有一定的创造性，对各种材料的感觉特性了如指掌，运用各种现代科学技术手段将材质的特性进行充分表达和发挥，掌握各种材质的组合效果，通过材料的质感设计表达出产品的艺术文化、人文特质等信息，体现出产品的精神内涵、价值取向和消费对象的阶层，实现从材料质感的表现到产品意境开发的飞跃。

设计师对质感的良好设计可以弥补或替代自然质感的不足，可以节约大量珍贵的自然材料，使得工业产品整体的设计具备多样性，并降低生产成本。例如，各种表面装饰用的材料，如能替代金属及玻璃镜的塑料镀膜纸，可以替代高级木材和纺织品的塑料贴面板，各种能仿造绸缎质感的墙纸，各种可以与自然皮毛媲美的人造皮毛，这些材料的人为质感具有普及性、经济性价值，满足了工业造型的需要。

产品设计的多样性主要表现在两方面：一是根据使用对象、环境、功能等不同的需求选用合适的材料；二是根据使用者的心理和生理需求，设计产品个性化特征。

技能分析

使用矢量工具绘制矢量图形时，路径和锚点是极其重要的两个方面。路径指矢量对象的线条，锚点则是确定路径的基准。在矢量图形的绘制中，图像中锚点与锚点之间的路径都是通过计算自动生成的。

在 Photoshop 中，路径功能是其矢量设计功能的充分体现。路径是指用户勾绘出来的由一系列点连接起来的线段或曲线，可以沿着这些线段或曲线填充颜色，或者进行描边，从而绘制出图像。此外，路径还可以转换成选区范围。这些都是路径的重要功能。

路径是可以转换为选区或者使用颜色填充和描边的轮廓，它包括有起点和终点的开放式路径，如图 5-66 所示，以及没有起点和终点的闭合式路径，如图 5-67 所示。此外，路径也可以由多个相对独立的路径组成，每个独立的路径称为子路径，如图 5-68 所示。

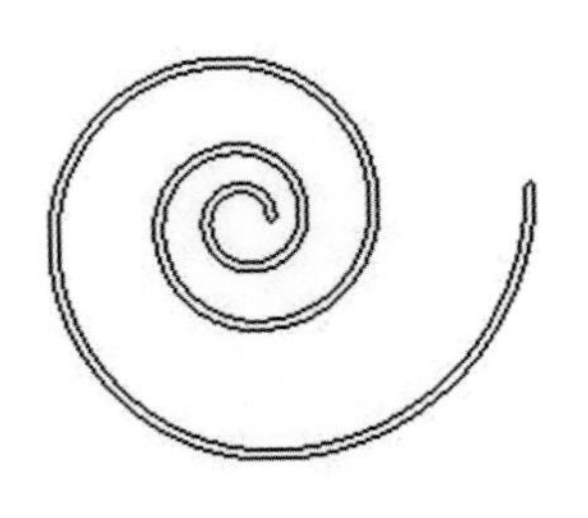

图 5-66　开放式路径

图 5-67　闭合式路径

图 5-68　多个路径

路径是由直线路径段或曲线路径段组成的，它们通过锚点连接。锚点分为两种：一种是平滑点；另外一种是角点。平滑点连接可以形成平滑的曲线，如图 5-69 所示。角点连接形成直线段，如图 5-70 所示，或者转角曲线，如图 5-71 所示。曲线路径段上的锚点有方向线，方向线的端点为方向点，它们主要用来调整曲线的形状。

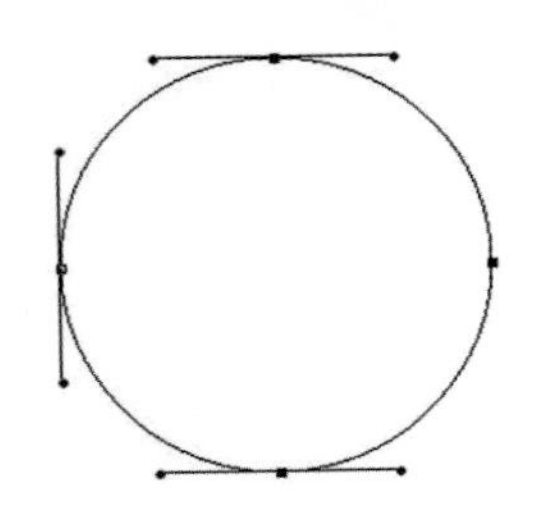

图 5-69　平滑的曲线

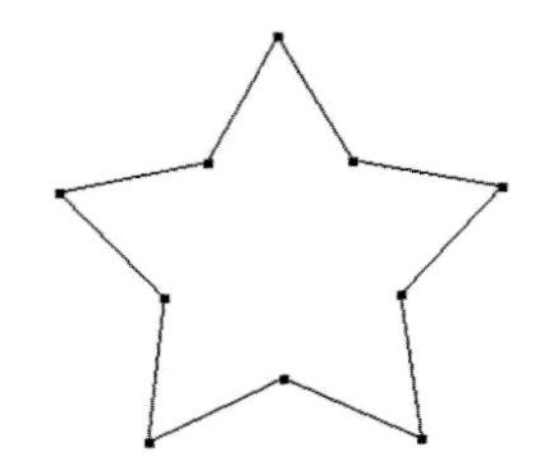

图 5-70　角点连接形成直线段

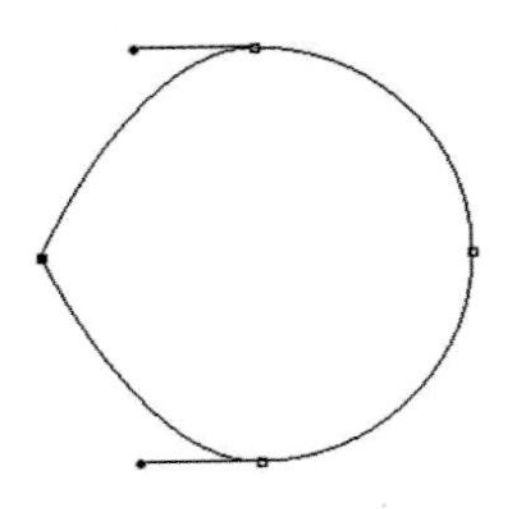

图 5-71　转角曲线

➤ 项目实施

在本项目实例的制作过程中，首先使用“钢笔工具”绘制出鼠标的轮廓，并为相应的图形添加图层样式；然后绘制出图形的高光部分，并使用“加深工具”和“减淡工具”在图形上涂抹，使图形的光感更加真实；最后，绘制出鼠标的细节部分图形，完成该实例的绘制。

5.2.1　制作步骤

(1)执行“文件→新建”命令，弹出“新建”对话框，设置如图 5-72 所示，单击“确定”按钮，新建文档。新建“图层 1”，使用“钢笔工具”，在画布上绘制路径，如图 5-73 所示。

● 经验提示

路径是矢量对象，它不包含像素，因此，没有进行填充或者描边的路径是不会被打印出来的。

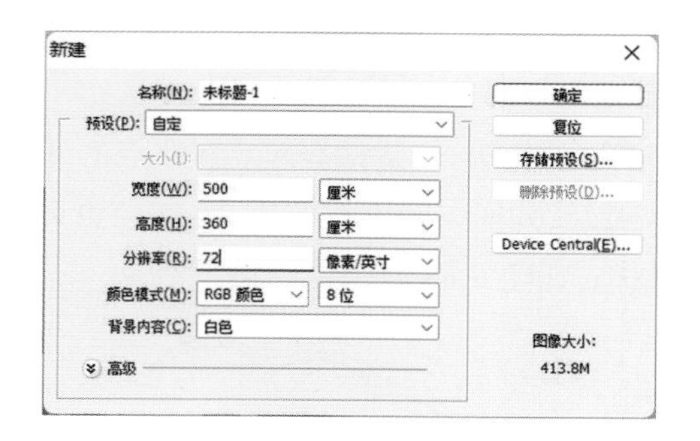

图 5-72　设置“新建”对话框

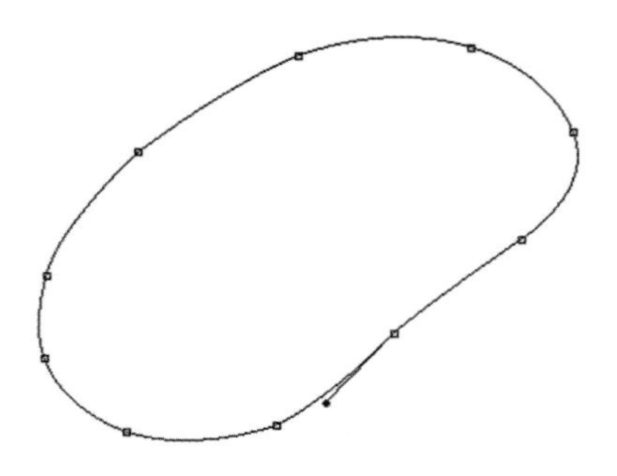

图 5-73　绘制路径

(2)按快捷键“Ctrl＋Enter”将路径转换为选区,设置前景色为“RGB:33,31,32”,按快捷键“Alt＋Delete”为选区填充前景色,按快捷键“Ctrl＋D”取消选区,效果如图 5-74 所示。新建“图层 2”,使用“钢笔工具”,在画布上绘制路径,如图 5-75 所示。

图 5-74　图像效果

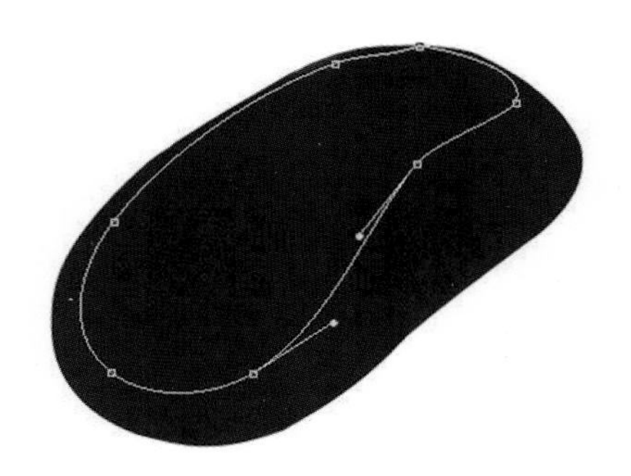

图 5-75　绘制路径

● 经验提示

路径实际上是一些矢量式的线条,因此无论图像缩小或放大,都不会影响它的分辨率或平滑度。编辑好的路径可以同时保存在图像中,也可以将它单独保存为文件,然后在其他软件中进行编辑或使用。

(3)按快捷键“Ctrl＋Enter”将路径转换为选区,设置前景色为“RGB:121,125,128”,按快捷键“Alt＋Delete”为选区填充前景色,按快捷键“Ctrl＋D”取消选区,效果如图 5-76 所示。执行“图层→图层样式→内发光”命令,在弹出的“图层样式”对话框中,设置内发光颜色为“RGB:159,160,162”,其他设置如图 5-77 所示。

(4)单击“确定”按钮,完成“图层样式”对话框的设置,效果如图 5-78 所示。新建“图层 3”,使用“椭圆选框工具”,在面板上绘制椭圆选区,执行“选择→修改→羽化”命令,弹出“羽化选区”对话框,设置如图 5-79 所示。

(5)单击“确定”按钮,完成“羽化选区”对话框的设置。设置前景色为白色,按快捷键“Alt＋Delete”为选区填充前景色,效果如图 5-80 所示。按快捷键“Ctrl＋D”取消选区。执行“编辑→变换→旋转”命令,对刚填充的图像进行旋转,如图 5-81 所示。

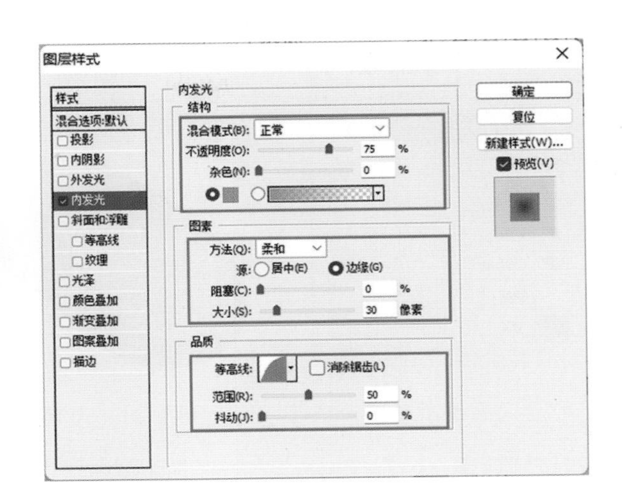

图 5-76　图像效果　　　　图 5-77　设置“内发光”图层样式

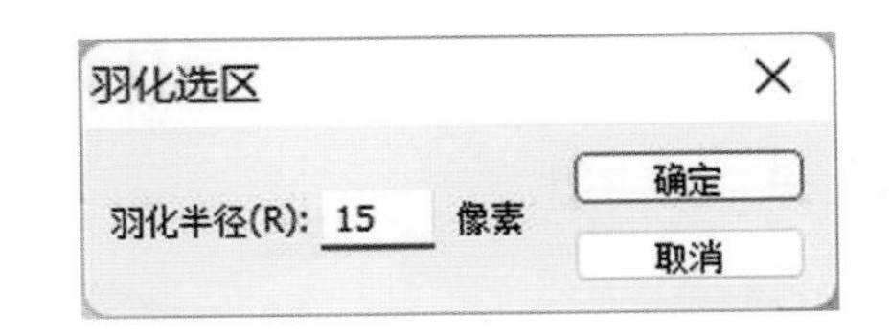

图 5-78　图像效果　　　　图 5-79　设置“羽化选区”对话框

(6)按 Enter 键,确定旋转,调整图形的位置,按住 Ctrl 键,单击“图层 2”缩览图,载入“图层 2”选区,执行“选择→反向”命令,将选区反选,按 Delete 键,删除选区中的图像,按快捷键“Ctrl＋D”取消选区,效果如图 5-82 所示。设置“图层 3”的“不透明度”值为 50%,效果如图 5-83 所示。

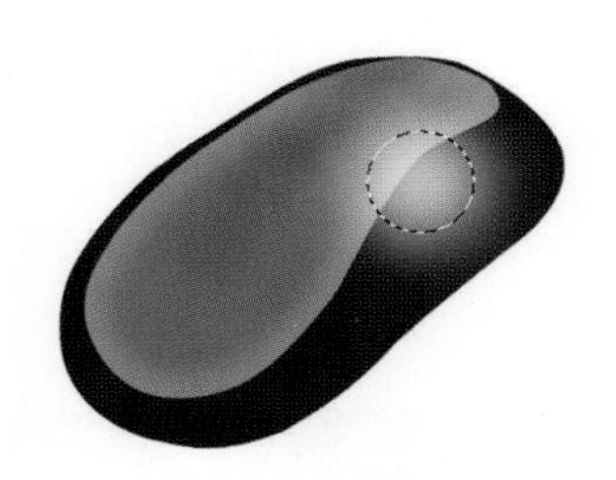

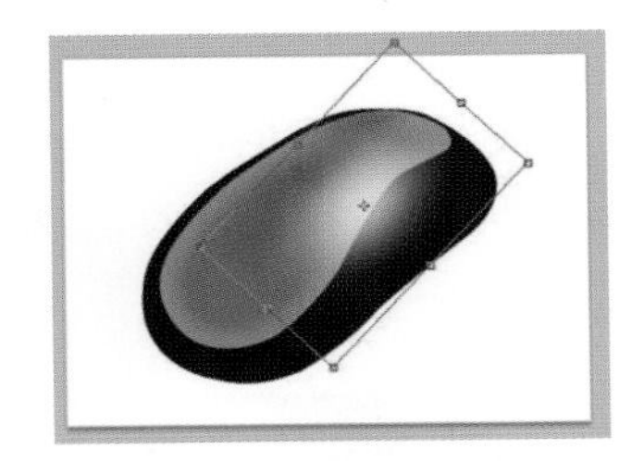

图 5-80　图像效果　　　　图 5-81　对图像进行旋转　　　　图 5-82　图像效果

(7)使用“加深工具”,对“图层 2”中的图像进行调整,效果如图 5-84 所示。新建“图层 4”,使用“钢笔工具”,在画布上绘制路径,如图 5-85 所示。

● 经验提示

使用“钢笔工具”绘制的曲线称为贝塞尔曲线,其原理是在锚点上加上两个方向线,不论调整哪一个方向线,另外一个始终与它保持成一直线并与曲线相切。贝塞尔曲线具有精确和易于修改的特点,被广泛地应用在计算机图形领域中,如 Illustrator、CorelDRAW、Flash 等软件都包含绘制贝塞尔曲线的功能。

图 5-83 设置图层的不透明度

图 5-84 图像效果

图 5-85 绘制路径

(8)按快捷键“Ctrl＋Enter”将路径转换为选区，设置前景色为“RGB：160，161，165”，按快捷键“Alt＋Delete”为选区填充前景色，按快捷键“Ctrl＋D”取消选区，效果如图 5-86 所示。使用“加深工具”与“减淡工具”对图像进行调整，效果如图 5-87 所示。

(9)新建“图层 5”，使用“钢笔工具”，在画布上绘制 3 条直线路径，如图 5-88 所示。使用“画笔工具”，在选项栏上设置“主直径”为 1 px，“硬度”为 100％，如图 5-89 所示。

图 5-86 图像效果

图 5-87 调整后图像效果

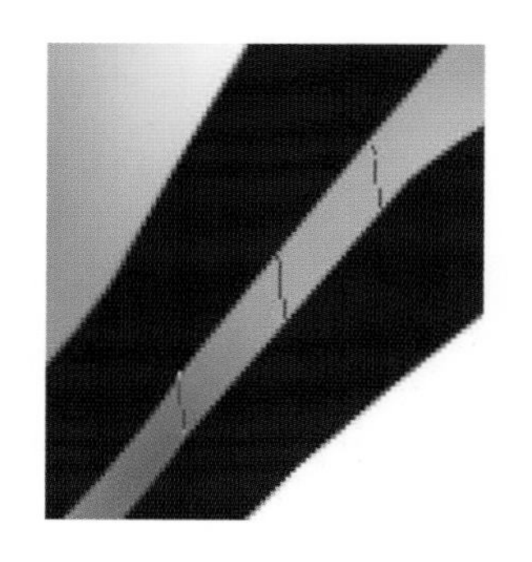

图 5-88 绘制路径

(10)设置前景色为“RGB：41，45，44”，执行“窗口→路径”命令，打开“路径”面板，单击“用画笔描边路径”按钮 为路径描边，按 Delete 键，将刚绘制的路径删除，效果如图 5-90 所示。新建“图层 6”，使用“多边形工具”，在选项栏上设置“边”为 3，在画布上绘制两个三角形路径，如图 5-91 所示。

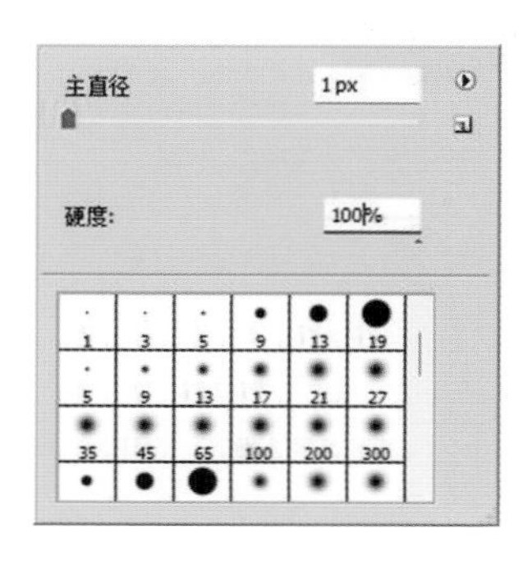

图 5-89 设置画笔

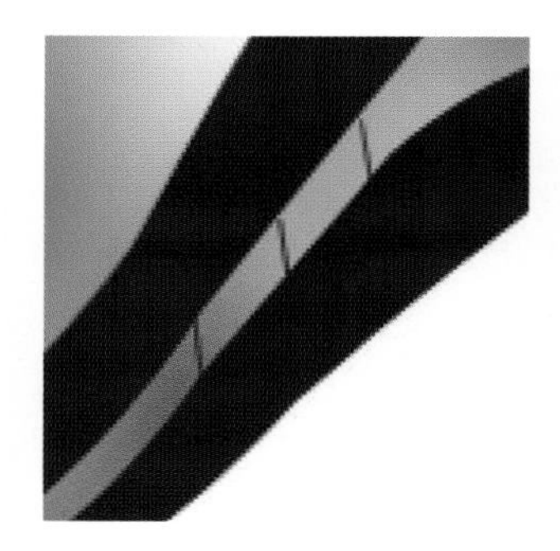

图 5-90 描边路径后删除路径

图 5-91 绘制路径

(11)按快捷键“Ctrl＋Enter”将路径转换为选区，按快捷键“Alt＋Delete”为选区填充前景色，效果如图 5-92 所示。新建“图层 7”，使用“椭圆工具”，在画布上绘制两个椭圆路径，如

图 5-93 所示。

(12)执行“编辑→变换→旋转”命令,对刚绘制的两个椭圆路径进行旋转,按 Enter 键,确认旋转,并使用“直接选择工具”对椭圆路径进行调整,效果如图 5-94 所示。在“椭圆工具”选项栏上单击“重叠形状区域除外”按钮,按快捷键“Ctrl + Enter”将路径转换为选区,如图 5-95 所示。

图 5-92　图像效果

图 5-93　绘制椭圆路径

图 5-94　调整路径

● 经验提示

这里也可以只绘制一条路径,然后对路径进行描边;或者绘制一个椭圆选区,对椭圆选区进行描边。

(13)设置前景色为“RGB:34,34,34”,按快捷键“Alt + Delete”为选区填充前景色,图像效果如图 5-96 所示。新建“图层 8”,根据“图层 5”的绘制方法,完成“图层 8”中图像的绘制,如图 5-97 所示。

图 5-95　将路径转换为选区

图 5-96　填充选区

图 5-97　图像效果

(14)新建“图层 9”,在画布上绘制椭圆路径,执行“编辑→变换→旋转”命令,将路径旋转,按 Enter 键,确认旋转,并使用“直接选择工具”对路径进行调整,如图 5-98 所示。按快捷键“Ctrl + Enter”,将路径转换为选区,设置前景色为“RGB: 190,191,193”,按快捷键“Alt + Delete”为选区填充前景色。按快捷键“Ctrl + D”取消选区,效果如图 5-99 所示。

图 5-98　绘制路径并调整

图 5-99　图像效果

● 经验提示

完成路径的绘制后,单击“路径”面板上的“将路径作为选区载入”按钮,同样可以将当前的路径转换为选区。

(15)新建“图层 10”,根据“图层 9”的绘制方法,完成“图层 10”的绘制,效果如图 5-100 所示。使用“加深工具”与“减淡工具”对“图层 9”与“图层 10”中的图像进行调整,效果如图 5-101 所示。

(16)复制“图层 1”得到“图层 1 副本”图层,将“图层 1 副本”图层拖动到“图层 1”下方,并移动“图层 1 副本”中图像的位置,执行“滤镜→模糊→高斯模糊”命令,弹出“高斯模糊”对话框,设置如图 5-102 所示。单击“确定”按钮,图像效果如图 5-103 所示。

图 5-100　图像效果

图 5-101　调整后图像效果

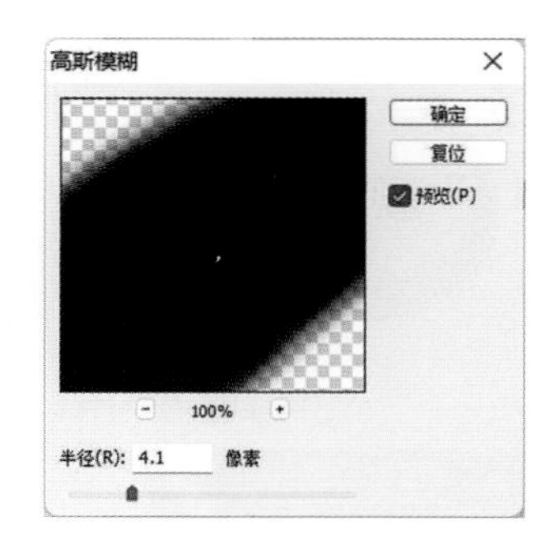

图 5-102　设置“高斯模糊”对话框

(17)使用“渐变工具”,设置一个由黑色到透明的线性渐变,对“背景”图层进行填充,完成鼠标的绘制,最终效果如图 5-104 所示。执行“文件→存储”命令,将绘制完成的图像保存为“5-2.psd”。

图 5-103　图像效果

图 5-104　最终效果

5.2.2　项目小结

完成本项目实例的绘制,读者需要掌握图像质感和高光的表现方法,以及“加深工具”和“减淡工具”的作用。通过本实例的制作,希望读者了解产品设计的方法。读者需要花时间多多练习,这样才能够在产品设计中得心应手。

5.3　能力训练——水晶质感苹果设计

项目背景

本项目训练为设计一个水晶质感的苹果,设计主要在于其质感的体现,只需要对图像稍加改动，就可以制作出可爱的苹果形状的产品。

项目任务

完成水晶质感苹果的设计绘制。

项目评价

项目评价表见表 5-1。

表 5-1　项目评价表

评价项目	评价描述	评定结果		
		了解	熟练	理解
基本要求	了解产品设计的原则和要点	√		
	理解如何才能够做出好的产品设计			√
	掌握产品设计的方法和技巧		√	
综合要求	了解产品设计相关的基础知识，能够在 Photoshop 中绘制出精美的产品设计图，在产品设计中注意体现产品的质感			

项目要求

在本项目训练的绘制过程中，读者需要注意学习“钢笔工具”的使用以及产品质感和高光的处理方式。制作该案例的大致步骤如下：

步骤 1　步骤 2

步骤 3　步骤 4

第6章 广告合成

6.1 知识准备——设计化妆品宣传广告
6.2 知识准备——设计啤酒宣传广告
6.3 能力训练——设计汽车广告

广告活动是伴随着商品交换的产生而产生的，可以说，哪里有商品的生产和交易，哪里就有广告。广告不只是起到单纯的刺激需要的作用，它更为微妙的任务在于改变人们的习惯。广告不寻常的普遍渗透性，使之成为新生活方式展示及新价值观的预告。本章将通过几个广告合成案例的制作，向读者介绍广告合成设计的方法和技巧。

6.1 知识准备——设计化妆品宣传广告

项目背景

广告是各公司宣传自己及产品最常见的一种形式。广告常因其恰如其分的宣传及强大的感染力，成为常见且有效的宣传方式。下面将带领读者完成一个化妆品宣传广告的设计制作。

项目任务

完成化妆品宣传广告的设计制作。

项目分析

广告设计应坚持有鲜明的主题、新颖的构思、生动的表现等创作原则，以快速、有效、美观的方式，达到传送信息的目标。

设计构思

本实例设计制作产品的宣传广告，为了提供更加直观的视觉效果，更加准确、快速地传达产品信息，将产品放在广告最醒目的位置，从而引人注目；丰富的背景效果恰当地烘托出整体的气氛；搭配文字和其他相关信息，使实用性和艺术性两方面完美结合。本实例的最终效果如图 6-1 所示。

图 6-1　最终效果

设计师提示

广告可以按照不同的区分标准进行分类，例如按广告的目的、对象、广告地区、广告媒介、广告诉求方式、广告产生效益的快慢、商品生命周期不同阶段等来划分广告类别。广告可以按照不同的标准划分为许多不同的类型，随着生产和商品流通的不断发展，广告种类也越分越细。下面从不同的角度对广告的种类进行划分。

1. 按广告的最终目的划分

按广告的最终目的可以把广告划分为两大类：商业广告和非商业广告。商业广告又称营利性广告或经济广告，广告的目的是通过宣传推销商品或劳务，从而取得利润。非商业广告又称非营利性广告，一般是指具有非营利目的并通过一定的媒介而发布的广告。图 6-2 所示为商业广告，图 6-3 所示为非商业广告。

图 6-2　商业广告　　　图 6-3　非商业广告

2. 按广告的诉求对象划分

商品的消费、流通各有其不同的主体对象，这些主体对象就是：消费者、工业厂商、批发商以及能直接对消费习惯施加影响的社会专业人士或职业团体。不同的主体对象所处的地位不同，其购买目的、购买习惯和消费方式等也有所不同。广告活动必须根据不同的对象实施不同的诉求，从而可以按商业广告的诉求对象把广告分为消费者广告、工业用户广告、商业批发广告和媒介性广告。

3. 按广告的诉求目的划分

经济广告的最终目的都是推销商品、取得利润，以发展企业所从事的事业，但其直接诉求目的有时是不同的，也就是说，达到其最终目的的手段具有不同的形式。以这种手段的不同来区分商业广告，又可以把其分为三类：商品销售广告、企业形象广告和企业观念广告。图 6-4 至图 6-6 所示分别为这三种类型的广告。

图 6-4　商品销售广告　　　图 6-5　企业形象广告　　　图 6-6　企业观念广告

4. 按广告的诉求地区划分

由于广告所选用的媒体不同，广告影响所及范围不同，因此，广告按传播的地区又可以分为全球性广告、全国性广告、区域性广告和地区性广告。

5. 按广告的不同媒体划分

按照广告所选用的媒体,可以把广告分为报纸广告、杂志广告、单页印刷广告、广播广告、电视广告及电脑网络广告。此外,还有邮寄广告、招贴广告、路牌广告等各种形式。广告可采取一种形式,亦可多种并用,各广告形式是相互补充的关系。

6. 按广告的诉求方式划分

广告的诉求方式,是指广告借用什么样的表达方式以引起消费者的购买欲望并使其采取购买行动。按照这种分类方法,广告可以分为理性诉求广告与感性诉求广告两大类。

7. 按广告产生效益的快慢划分

广告产生效益的快慢是指广告发布的目的是引起顾客的马上购买还是持久性购买。按照这种广告分类方法,广告可以分为速效性广告与迟效性广告。

8. 按广告商品生命周期不同阶段划分

按照商品生命周期阶段分类,广告可以分为开拓期广告、竞争期广告和维持期广告。

➢ 技能分析

蒙版主要可以分为快速蒙版和图层蒙版两大类,而图层蒙版又可以分为矢量蒙版、文字蒙版、图层剪贴蒙版和调整图层蒙版。所有蒙版都能用于在编辑图像时隔离需要被保护的区域。掌握蒙版技术,可以有效地节约图像编辑时间。

1. 快速蒙版

快速蒙版也称临时蒙版,它并不是一个选区。当退出快速蒙版模式时,不被保护的区域变为一个选区,将选区作为蒙版编辑时可以使用几乎所有的 Photoshop 工具或滤镜。

2. 图层蒙版

图层蒙版是在设计过程中常用的功能。"蒙版"是 Photoshop 中较难理解的术语,它是 Photoshop 中借用的传统印刷行业术语之一。无论是简单还是复杂的图层蒙版,其实都是一种选择区域,但它跟常用的选择工具又有很大的区别。

(1)矢量蒙版。

矢量蒙版实际上是一个图层剪切路径,在路径以内区域的图像是矢量图像,它被置入其他应用程序时,只显示图像部分区域,背景图像将不显示。

(2)文字蒙版。

使用"横排文字蒙版工具"和"直排文字蒙版工具"编辑文字时,都会产生一个文字蒙版,然后将它作为选区载入,就可以对文字选区进行编辑处理了。

(3)图层剪贴蒙版。

图层剪贴蒙版是一种非常灵活的蒙版,它是使用一个图像的形状限制它上层图像的显示范围,因此,可以通过一个图层来控制多个图层的显示区域;而矢量蒙版和文字蒙版都只能控制一个图层的显示区域。

(4)调整图层蒙版。

通过"图层"面板上的"创建新的填充或调整图层"按钮,对图层的"色阶""亮度/对比度"等属性进行调整,"图层"面板上会自动添加一个调整图层蒙版。

项目实施

在本项目实例的制作过程中，首先为背景填充径向渐变；然后拖入水花的素材图像，并添加图层蒙版进行处理，使素材与背景能够更好地融合在一起；接着，拖入产品图片并进行相应的处理；最后添加相应的文字，完成该化妆品宣传广告的设计制作。

6.1.1　制作步骤

(1)执行“文件→新建”命令，弹出“新建”对话框，设置如图 6-7 所示，单击“确定”按钮，新建文档。执行“视图→标尺”命令，显示标尺，在标尺中拖出 4 条辅助线，如图 6-8 所示。

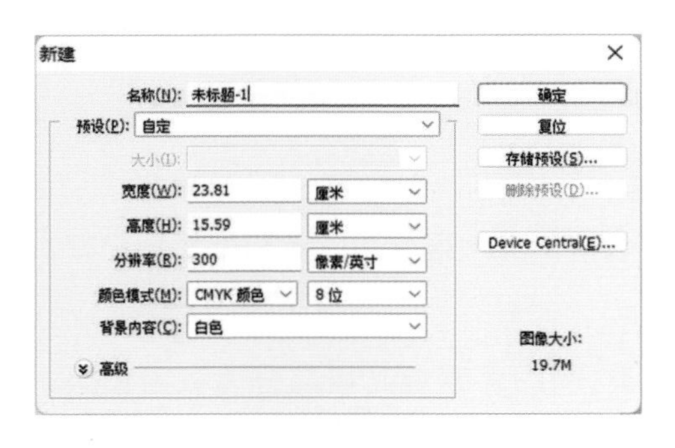

图 6-7　设置“新建”对话框

图 6-8　拖出辅助线

● 经验提示

此处拖出的 4 条辅助线分别定位文档 4 边的出血区域。在制作文档时就要把出血设置好，也就是在制作时直接把图像每边预留 3 mm。

(2)点选“渐变工具”，在选项栏上单击渐变预览条，弹出“渐变编辑器”对话框，从左向右分别设置渐变滑块颜色为“CMYK：5，9，11，0”“CMYK：0，0，0，0”，如图 6-9 所示。单击“确定”按钮，在画布中拖动鼠标填充径向渐变，如图 6-10 所示。

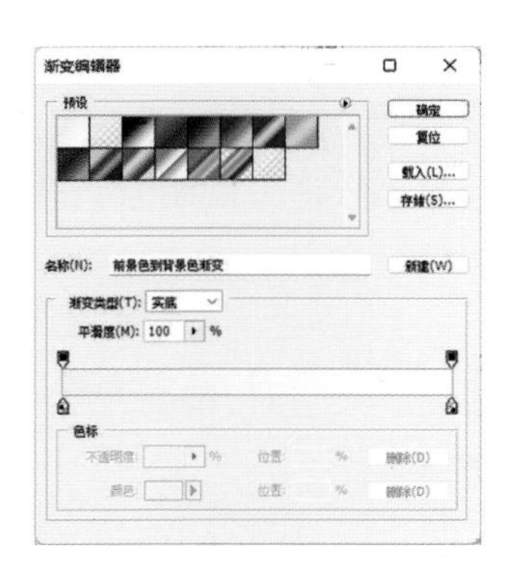

图 6-9　设置“渐变编辑器”对话框

图 6-10　填充径向渐变

(3)打开素材图像“01. tif”，将其拖入设计文件中，如图 6-11 所示，自动生成“图层 1”。为“图层 1”添加图层蒙版，使用“渐变工具”，在“渐变编辑器”对话框的“预设”中选择“黑，白渐变”，在蒙版中拖动鼠标填充黑白渐变，效果如图 6-12 所示。

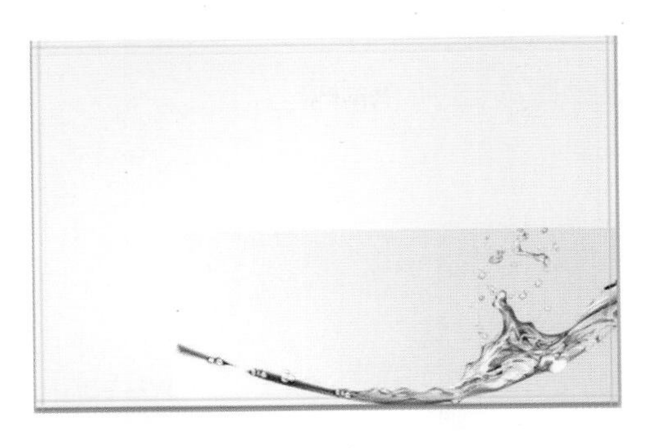

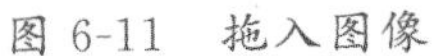
图 6-11　拖入图像

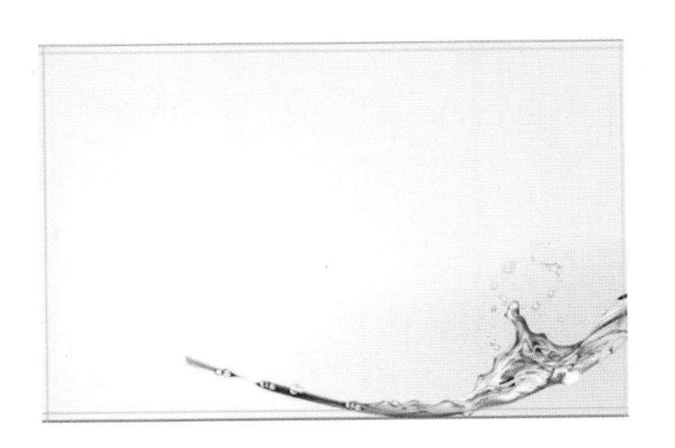

图 6-12　图像效果

(4)使用相同的方法，制作出“图层 2”，效果如图 6-13 所示。使用相同的方法，制作出“图层 3”，效果如图 6-14 所示。

图 6-13　图像效果

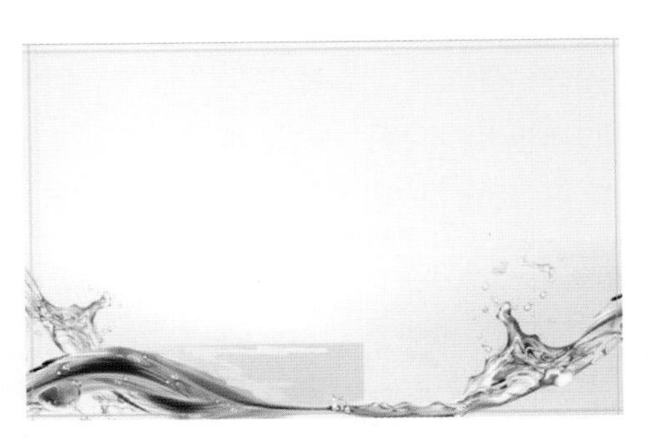

图 6-14　图像效果

● 经验提示

制作“图层 3”的方法是使用“画笔工具”，选择适合的笔触和大小，在蒙版中进行涂抹（“图层 2”中也可适当地使用“画笔工具”）。

(5)新建“图层 4”，使用“矩形选框工具”在画布中绘制选区，设置前景色为“CMYK:16,43,0,0”，为选区填充前景色，并设置“图层 4”的“不透明度”为 60%，效果如图 6-15 所示。使用相同方法，为“图层 4”添加图层蒙版，使用“渐变工具”进行渐变填充，效果如图 6-16 所示。

图 6-15　图像效果

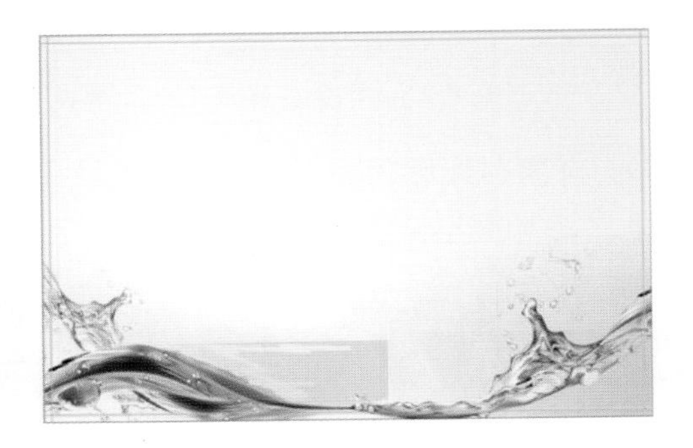

图 6-16　图像效果

● 经验提示

在图层蒙版上只可以使用黑色、白色和灰色 3 种颜色进行涂抹，黑色为遮住，白色为显示，灰色为半透明。

(6)根据“图层 4”的制作方法，制作出“图层 5”，效果如图 6-17 所示。打开素材图像“02. tif”，将其拖入设计文件中，自动生成“图层 6”，效果如图 6-18 所示。

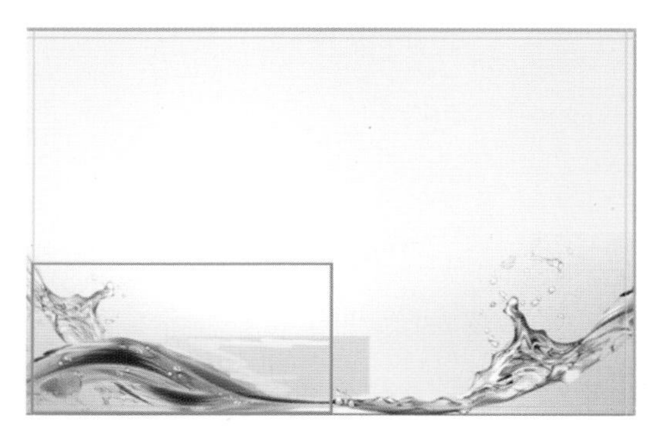

图 6-17 图像效果

图 6-18 拖入图像后效果

(7)选择“图层 6”，单击“图层”面板上的“添加图层样式”按钮 fx，在弹出菜单中选择“外发光”选项，弹出“图层样式”对话框，设置外发光颜色为“CMYK：4，0，34，0”，其他设置如图 6-19 所示。单击“确定”按钮，完成“图层样式”对话框的设置，效果如图 6-20 所示。

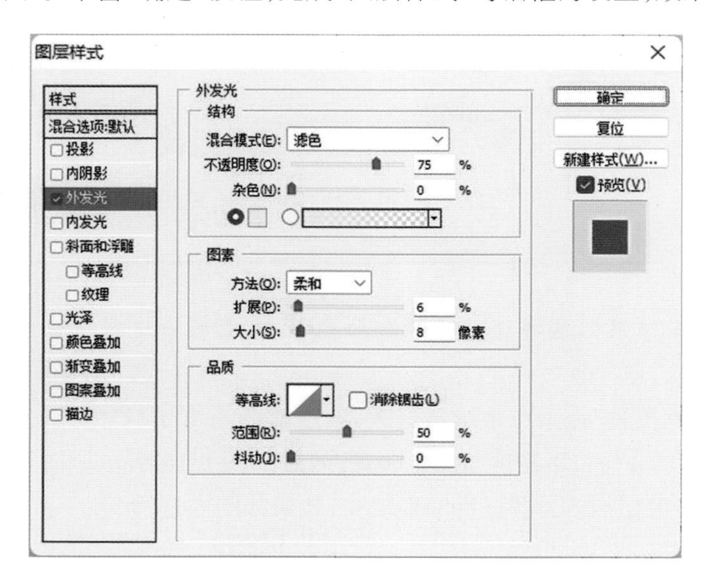

图 6-19 “图层样式”对话框设置

图 6-20 图像效果

(8)打开素材图像“03. tif”，将其拖入设计文件中，自动生成“图层 7”，效果如图 6-21 所示。为“图层 7”添加图层蒙版，使用“渐变工具”和“画笔工具”在蒙版中进行渐变填充和涂抹，效果如图 6-22 所示。

● 经验提示

蒙版虽然是一种选区，但它跟常规的选区颇为不同。常规的选区表现了一种操作趋向，即将对所选区域进行处理；而蒙版却相反，它是对所选区域进行保护，让其免于操作，而对未掩盖的地方应用操作。

图 6-21　拖入素材图像效果

图 6-22　图像效果

(9)使用“横排文字工具”,选择合适的字体类型、字体大小和字体颜色,在画布中相应的位置输入文字,如图 6-23 所示,并将文字栅格化。使用相同方法输入其他文字,如图 6-24 所示。

图 6-23　输入文字

图 6-24　输入其他文字

(10)按住 Ctrl 键,单击“HANFEI”文字图层,将该图层载入选区,如图 6-25 所示。执行“窗口→通道”命令,打开“通道”面板,单击“通道”面板上的“创建新通道”按钮 ,新建“Alpha 1”通道,为选区填充白色,如图 6-26 所示。

图 6-25　载入选区

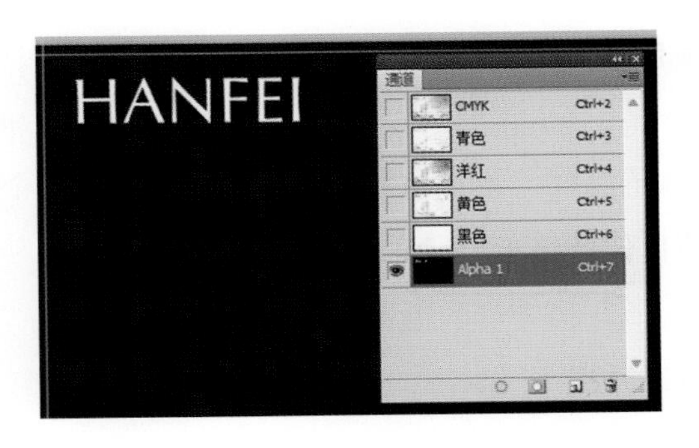

图 6-26　新建“Alpha 1”通道

● 经验提示

本例中将为广告添加 UV 印刷工艺。UV 是透明的,但也将压在印刷四色之上,它的作用并不是遮住四色,而是在四色上加一层特殊的光泽。UV 制作完成后看起来会有略起凸的效果,这是因为 UV 材质有一定的厚度。UV 的种类也比较多,有透明的,也有磨砂和彩砂的,根据不同的设计需要可以选择不同类型。

(11)完成化妆品宣传广告的制作,最终效果如图 6-27 所示。执行“文件→存储”命令,将文

件保存为“6-1. psd”。

图 6-27　最终效果

6.1.2　项目小结

任何广告产品都有可能有多种特点，只要抓住一点并表现出来，就可能形成一种感召力，促使广告受众产生冲动，达到广告的目的。通过本项目实例的制作，读者需要体会如何抓住产品的特点，设计制作出符合产品特性的广告作品。

6.2　知识准备——设计啤酒宣传广告

➤ 项目背景

广告作为一种宣传手段，除了要求主题清楚、视觉冲击力强以外，还强调有艺术内涵，能给人留下想象的空间。本项目实例将带领读者完成一个啤酒宣传广告的设计制作。

➤ 项目任务

完成啤酒宣传广告的设计制作。

➤ 项目分析

我们在马路上通常会看到一些大型广告牌，这些大型广告牌常是喷绘广告，需要首先使用电脑制作好广告图案，再使用喷墨打印机将其打印出来。本项目也将设计成喷绘广告。

➤ 设计构思

本项目实例设计制作一个啤酒喷绘广告，使用蓝色作为广告的主色调，给人一种清爽、清凉的感觉，通过将冰山包围的啤酒产品和水相结合，突出表现啤酒的特点，并与广告语“冰动 · 心动”相契合。本实例的最终效果如图 6-28 所示。

➤ 设计师提示

对于一则具体的广告，它有这样一些基本的要素：广告主、信息、广告媒介、广告费用、广告受众等。

1. 广告主

所谓广告主，即进行广告者，是指提出发布广告想法的企业、团体或个人，如工厂、商店、宾馆、戏院、个体生产者等。广告的传播起始于广告主，并最终由广告主决定广告的目标、受众、发布的媒体、金额开支以及活动持续时间。

图 6-28　最终效果

2. 信息

信息是指广告的主要内容，包括商品信息、劳务信息、观念信息等。商品和劳务是构成经济市场活动的物质基础。商品信息包括商品的性能、质量、产地、用途等。劳务信息包括各种非商品形式的买卖或半商品形式的买卖的服务性活动消息，如文化活动、旅游服务、餐饮、医疗以及信息咨询服务等行业的经营项目。观念信息是指通过广告活动倡导某种意识，使消费者树立一种有利于广告者推销其商品或劳务的消费观念。例如旅游公司印发的宣传小册子，不是首要谈其经营项目，而是重点渲染介绍世界各地的大好河山、名胜古迹和异国风情，使读者产生对自然风光和异域风情的审美情趣，从而激发他们参加旅游的欲望。广告的观念信息，其实质也是为了推销其劳务或商品，只是采取了不同的表现手法。

3. 广告媒介

广告活动是一种有计划的大众传播活动，其信息要运用一定的物质技术手段才能广泛传播。广告媒介也可以称为广告媒体，是将信息从广告主传达给受众的沟通渠道，也就是传播信息的中介物，它的具体形式有报纸、杂志、广播、电视、广告牌等。国外把广告业称为传播产业，因为离开媒介传播信息，广告交流就停止了，由此可见广告媒介的重要性。

4. 广告费用

所谓广告费用，就是从事广告活动所需要付出的费用。广告活动需要经费，利用媒介要支付各种费用，如购买报纸、杂志版面需要支付相应的费用，购买电台、电视的播出时段也需要支付费用。广告主进行广告投资，支付广告费用，其目的是扩大商品销售范围，获得更多利润。

5. 广告受众

广告受众即与广告对应的宣传对象——目标观众，所有的广告策略都应基于受众。作为广告受众的消费群体的构成和分类取决于不同的社会和文化因素。不同的文化群体背景可以产生行为取向的不同类型。另外，社会地位、受教育情况、收入、财产、职业、家庭组成、年龄、性别等都是形成消费群体差异的因素。在广告策略中，每一个方针和手段都是以细分的受众为目标制订的。

➢ 技能分析

“蒙版”面板用于调整选定的图层蒙版的不透明度和羽化范围，如图 6-29 所示。

- 从蒙版中载入选区 ：单击该按钮，可以载入蒙版中所包含的选区。

· 应用蒙版：单击该按钮，可以将蒙版应用到图像中，使原来"被蒙版"的区域成为真正的透明区域。

图 6-29 "蒙版"面板

· 停用/启用蒙版：单击该按钮，或按住 Shift 键单击蒙版缩览图，可以停用或重新启用蒙版。停用蒙版时，蒙版缩览图上会出现一个红色的"×"符号。

· 删除蒙版：单击该按钮，可以删除当前选择的蒙版。在"图层"面板中，将蒙版缩览图拖至"删除图层"按钮上，也可以将其删除。

· 当前选择的蒙版：显示了在"图层"面板中选择的蒙版类型，此时可以在"蒙版"面板中对其进行编辑。

· 添加像素蒙版：单击该按钮，可以为当前图层添加像素蒙版。

· 添加矢量蒙版：单击该按钮，可以为当前图层添加矢量蒙版。

· 浓度：拖动该选项的滑块可以控制蒙版的不透明度。

· 羽化：拖动该选项的滑块可以柔化蒙版的边缘。

· 蒙版边缘：单击该按钮，弹出"调整蒙版"对话框，通过选项的设置可以修改蒙版的边缘，并针对不同的背景查看蒙版。这些操作与使用"调整边缘"命令调整选区的边缘相同。

· 颜色范围：单击该按钮，弹出"色彩范围"对话框，通过在图像中取样并调整颜色容差可以设置蒙版范围。

· 反相：单击该按钮，可以调换蒙版的遮盖区域与显示区域。

➤ 项目实施

在本实例的制作过程中，通过填充渐变、使用"画笔工具"进行绘制等制作背景，选择合适的素材置入，进行添加蒙版、设置图层混合模式、调整图层的前后叠放顺序等后期的处理，使用"圆角矩形工具"、"多边形工具"以及文字工具制作广告中的标志，为广告文字添加投影以完成最终效果。

6.2.1 制作步骤

(1)执行"文件→新建"命令，弹出"新建"对话框，设置如图 6-30 所示，单击"确定"按钮，新建文档。点选"渐变工具"，在选项栏上单击渐变预览条，弹出"渐变编辑器"对话框，设置渐变颜色从左到右依次为"CMYK:91,66,7,0""CMYK:86,56,2,0"，如图 6-31 所示。

● 经验提示

本实例制作的是一个喷绘广告，喷绘图像的尺寸大小和实际要求的画面大小是一样的，它和印刷不同，不需要留出出血部分。

(2)单击"确定"按钮，完成"渐变编辑器"对话框的设置，在画布中拖动鼠标填充线性渐变，效果如图 6-32 所示。使用"画笔工具"，设置前景色为"CMYK:43,9,5,0"，在选项栏上进行相应的设置，如图 6-33 所示。

(3)新建"图层 1"，在画布中相应位置单击多次，达到满意效果为止，效果如图 6-34 所示。新建"图层 2"，使用"画笔工具"，在选项栏中进行相应设置，在画布中进行相应绘制，效果如图

6-35 所示,“图层”面板如图 6-36 所示。

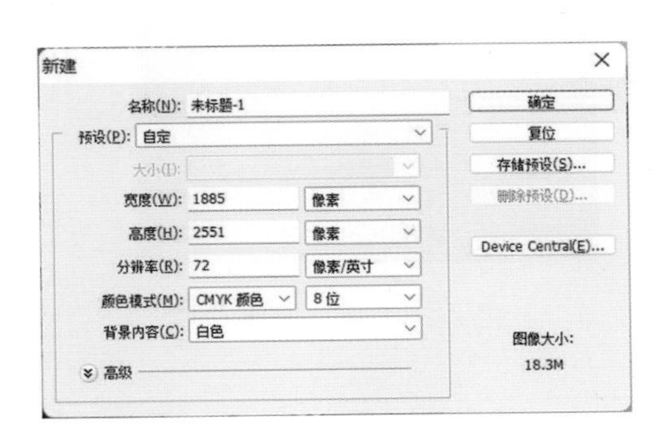

图 6-30　设置“新建”对话框

图 6-31　“渐变编辑器”对话框设置

图 6-32　填充渐变颜色

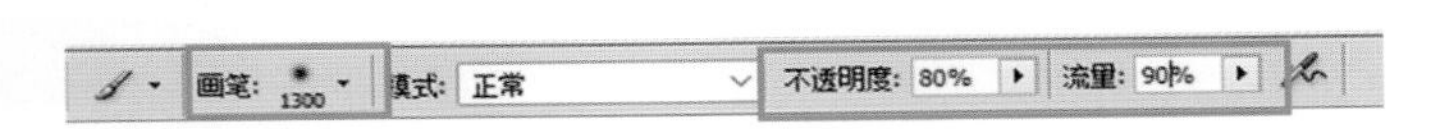

图 6-33　设置“画笔工具”选项栏

图 6-34　图像效果

图 6-35　图像效果

图 6-36　“图层”面板

(4)执行“文件→置入”命令,将素材图像“019. tif”置入画布中,并将其栅格化,效果如图 6-37 所示。用相同方法,置入素材图像“020. tif”,效果如图 6-38 所示。

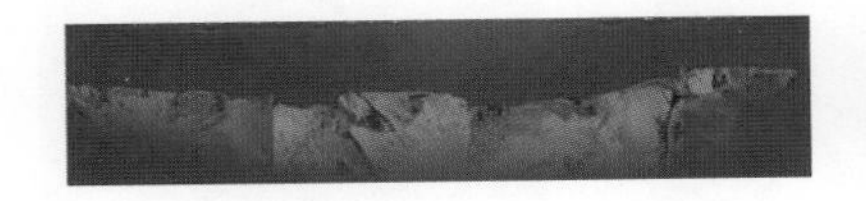

图 6-37　图像效果

图 6-38　图像效果

(5)在“图层”面板上设置该图层的混合模式为“叠加”,如图 6-39 所示。用前面相同方法,将素材图像“021. tif”置入画布中,效果如图 6-40 所示。

图 6-39 “图层”面板　　　图 6-40 图像效果

经验提示

应用“叠加”混合模式，混合后的图像色调发生变化，但图像的高光和暗调部分被保留。

(6)新建“图层 3”，将前景色设置为“CMYK:92,67,19,0”，使用“画笔工具”，在选项栏中进行相应设置，在画布中进行相应绘制，效果如图 6-41 所示。设置该图层的混合模式为“正片叠底”，“图层”面板如图 6-42 所示。完成混合模式的设置，效果如图 6-43 所示。

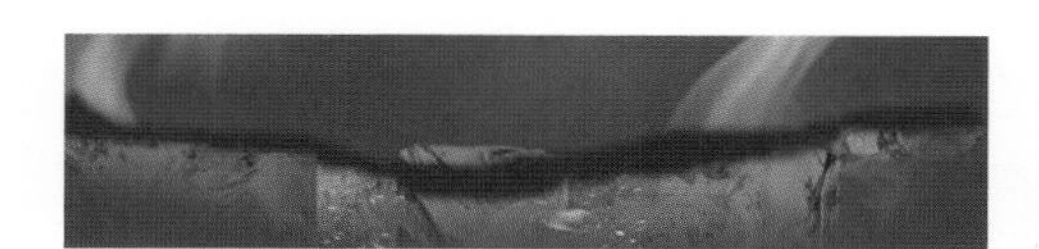

图 6-41 图像效果　　　图 6-42 “图层”面板

(7)执行“文件→置入”命令，将素材图像“022. tif”置入画布中，并将其栅格化，调整到合适的位置，效果如图 6-44 所示。

(8)使用相同方法，将素材图像“023. tif”置入画布中，效果如图 6-45 所示，“图层”面板如图 6-46 所示。

图 6-43 图像效果　　　图 6-44 图像效果　　　图 6-45 图像效果

(9)新建“图层 4”，使用“画笔工具”，设置前景色为白色，打开“画笔”面板，设置如图 6-47 所示。在画布中进行多次绘制，达到满意效果为止，效果如图 6-48 所示。

● 经验提示

在“画笔”面板上可以设置各种绘画工具、图像修复工具、图像润饰工具和擦除工具的笔尖和画笔选项。将光标放在一个笔触上并停留片刻，会显示该笔尖的名称和大小，此时在各个笔尖上移动会实时显示光标下面的笔尖的名称、大小和预览效果。

图 6-46 “图层”面板

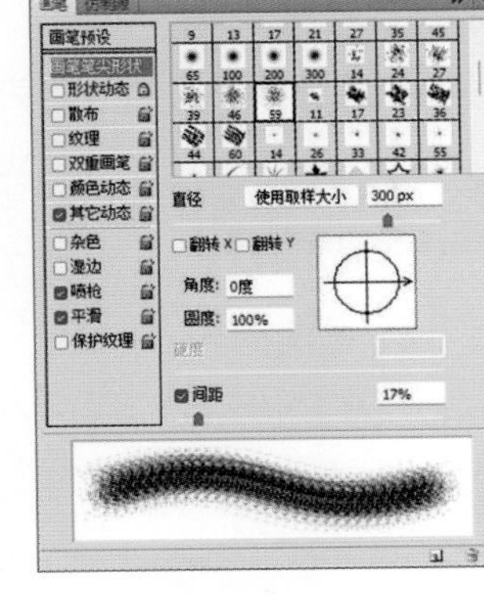

图 6-47 “画笔”面板设置

图 6-48 图像效果

(10)按住 Alt 键单击“图层”面板上的“添加图层蒙版”按钮，为“图层 4”添加黑色蒙版。设置前景色为白色，使用“画笔工具”，在选项栏中设置合适的画笔笔触，在画布中将需要显示的部分涂抹出来，效果如图 6-49 所示，“图层”面板如图 6-50 所示。

● 经验提示

按住 Alt 键单击“添加图层蒙版”按钮时，为图层添加的是黑色蒙版，此时当前图像完全消失，显示出下一层中的图像，使用白色填充，可以将当前需要的图像显示出来。

图 6-49 图像效果

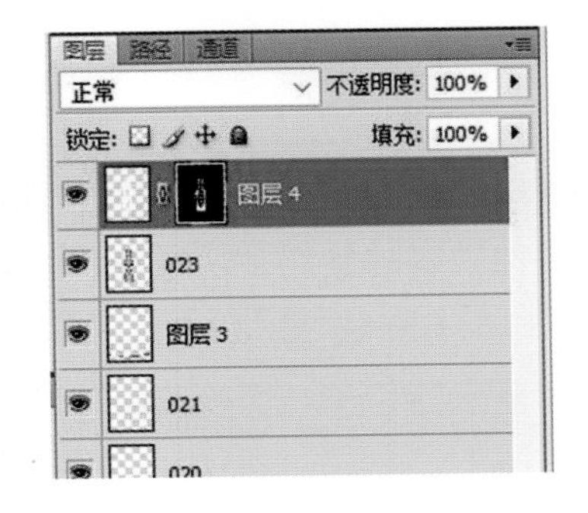

图 6-50 “图层”面板

(11)新建“图层 5”，使用“画笔工具”，根据前面的方法在画布中进行相应的绘制，效果如图 6-51 所示。单击“添加图层蒙版”按钮，为“图层 5”添加蒙版，设置前景色为黑色，使用“画笔工具”在画布中对多余的部分进行涂抹，效果如图 6-52 所示。

(12)在“图层”面板上将该图层的“不透明度”设置为 20%。

● 经验提示

使用“画笔工具”在图像上涂抹时，可在选项栏上随时对画笔的属性进行修改，如调整画笔的大小、形状、不透明度等，变化越多，得到的效果越好。

(13)选中“022”图层,将该图层拖至所有图层上方,如图 6-53 所示,图像效果如图 6-54 所示。

图 6-51 图像效果　　图 6-52 图像效果　　图 6-53 “图层”面板

(14)单击“创建新组”按钮,新建“组 1”,执行“文件→置入”命令,将素材图像“024. tif”置入画布中,并将其栅格化,效果如图 6-55 所示。将“024”图层拖至“组 1”中,如图 6-56 所示。

图 6-54 图像效果　　图 6-55 图像效果　　图 6-56 “图层”面板

(15)单击“添加图层蒙版”按钮,为该图层添加蒙版,使用“画笔工具”,在画布中对多余的部分进行涂抹,设置该图层的混合模式为“滤色”,“图层”面板如图 6-57 所示,图像效果如图 6-58 所示。

(16)将当前图层复制,得到“024 副本”图层,效果如图 6-59 所示。使用相同的制作方法,可以完成该部分其他内容的制作,图像效果如图 6-60 所示。“图层”面板如图 6-61 所示。

(17)在“组 1”上方新建“图层 6”,设置前景色为“CMYK:100,87,27,0”,使用“圆角矩形工具”,在选项栏上单击“填充像素”按钮,设置“半径”为 50 px,在画布中绘制圆角矩形,效果如图 6-62 所示。

图 6-57 “图层”面板　　图 6-58 图像效果　　图 6-59 图像效果

图 6-60　图像效果

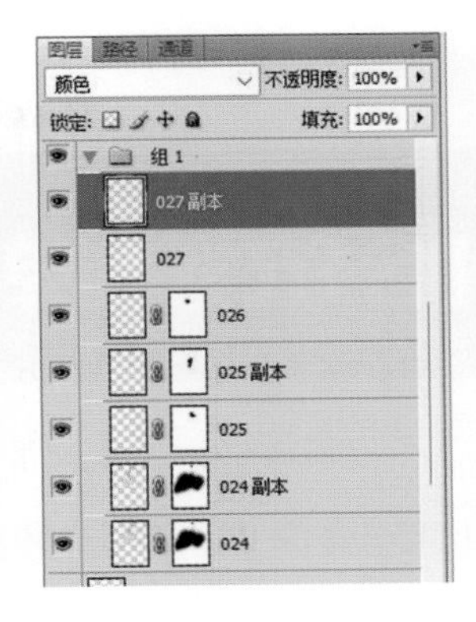

图 6-61　“图层”面板

图 6-62　图像效果

(18)执行“编辑→描边”命令,弹出“描边”对话框,设置颜色为“CMYK:22,22,60,0”,其他设置如图 6-63 所示。单击“确定”按钮,完成“描边”对话框的设置,效果如图 6-64 所示。

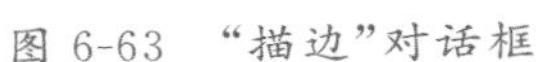

图 6-63　“描边”对话框

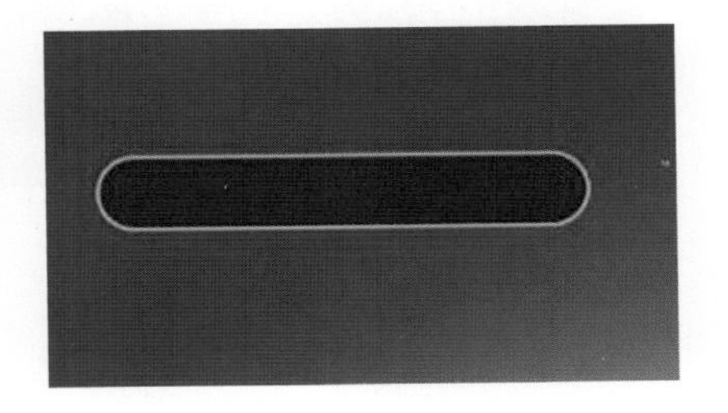

图 6-64　图像效果

(19)使用“横排文字工具”,打开“字符”面板,设置如图 6-65 所示。在画布中单击并输入文字,如图 6-66 所示。将文字栅格化,按快捷键“Ctrl＋T”调出自由变换框,对文字进行变换操作,效果如图 6-67 所示。

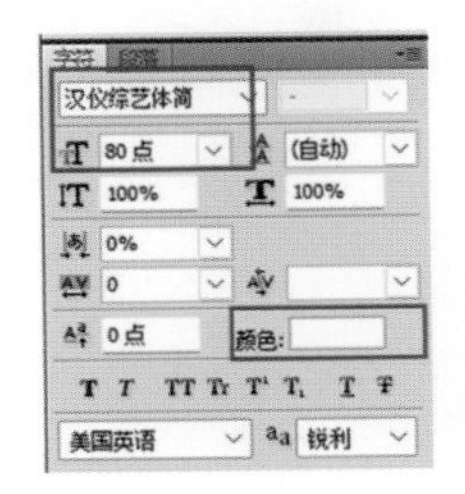

图 6-65　“字符”面板设置

图 6-66　输入文字

图 6-67　文字效果

经验提示

将文字栅格化后,文字自动变成了图形,避免出现字体丢失的问题。除了按快捷键“Ctrl＋T”调出自由变换框对图像进行调整外,还可以执行“编辑→自由变换”命令。在调整的过程中,按住 Shift 键可以等比例缩放。

(20)按快捷键“Ctrl＋Enter”确定自由变换。新建“图层 7”,使用“多边形工具”,在选项栏上单击“填充像素”按钮,打开“多边形选项”面板,设置如图 6-68 所示。设置前景色为白色,在画布中绘制多边形,效果如图 6-69 所示。

图 6-68 “多边形选项”面板设置

图 6-69 图像效果

(21)使用相同的制作方法,完成该部分其他相应内容的制作,效果如图 6-70 所示。使用“直排文字工具”,打开“字符”面板,设置如图 6-71 所示。

图 6-70 图像效果

图 6-71 “字符”面板设置

(22)在画布中单击并输入文字,如图 6-72 所示。单击“添加图层样式”按钮 fx.,在弹出菜单中选择“投影”选项,弹出“图层样式”对话框,设置如图 6-73 所示。

图 6-72 输入直排文字

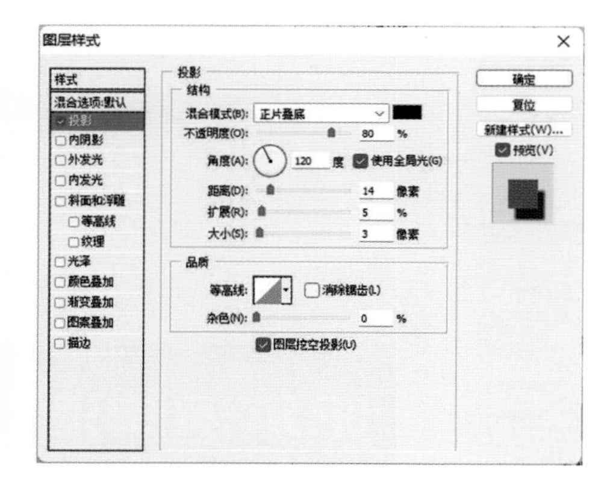

图 6-73 “图层样式”对话框设置

(23)单击“确定”按钮,完成“图层样式”对话框的设置,效果如图 6-74 所示,“图层”面板如图 6-75 所示。

(24)完成该啤酒广告的设计制作,最终效果如图 6-76 所示。执行“文件→存储”命令,将其保存为“6-2. psd”。

6.2.2 项目小结

完成本项目实例的设计制作,读者需要掌握广告设计的方法和技巧,并且能够熟练地运用 Photoshop 中图层蒙版的功能进行广告合成设计。通过实例的制作,读者可以拓宽思路,设计制作出其他类型的广告。

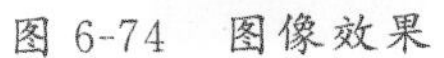

图 6-74　图像效果

图 6-75　“图层”面板

图 6-76　最终效果

6.3　能力训练——设计汽车广告

➢ 项目背景

广告视觉上要有统一感，在制作杂志广告时，要浓缩广告内容，提炼其主旨，然后将其具体视觉化。本项目训练为完成一个汽车广告的设计制作，通过对素材图像的处理渲染出富有视觉冲击力的广告效果。

➢ 项目任务

完成汽车广告的设计制作。

➢ 项目评价

项目评价表见表 6-1。

表 6-1　项目评价表

评价项目	评价描述	评定结果		
		了解	熟练	理解
基本要求	了解广告的分类和广告的基本要素	√		
	熟练掌握 Photoshop 中图层蒙版的使用方法		√	
	掌握广告合成设计处理的方法和技巧		√	
综合要求	了解广告设计相关的基础知识，能够熟练使用 Photoshop 设计制作出精美的广告作品			

项目要求

本项目训练为设计制作汽车杂志广告：首先通过对背景素材的“色相/饱和度”进行处理，制作出广告的背景效果；然后拖入其他素材并进行相应的处理；最终制作出广告效果。制作该案例的大致步骤如下：

步骤 1

步骤 2

步骤 3

步骤 4

步骤 5

步骤 6